U0203106

DK·一分钟科学

英国DK公司/编著　　孙志跃/译

数学

电子工业出版社
Publishing House of Electronics Industry
北京·BEIJING

Original Title: Simply Maths

版权贸易合同登记号　图字：01-2023-5562

图书在版编目（CIP）数据
数学 / 英国DK公司编著；孙志跃译. --北京：电子工业出版社，2024.3
（DK一分钟科学）
ISBN 978-7-121-47437-8

Ⅰ. ①数…　Ⅱ. ①英…　②孙…　Ⅲ. ①数学－青少年读物　Ⅳ. ①O1-49

中国国家版本馆CIP数据核字（2024）第050052号

责任编辑：苏　琪　特约编辑：刘红涛
印　　刷：鸿博昊天科技有限公司
装　　订：鸿博昊天科技有限公司
出版发行：电子工业出版社
　　　　　北京市海淀区万寿路173信箱
邮　　编：100036
开　　本：889×1194　1/16
印　　张：10
字　　数：162.5 千字
版　　次：2024年3月第1版
印　　次：2024年12月第3次印刷
定　　价：78.00元

凡所购买电子工业出版社图书有缺损问题，请向购买书店调换。若书店售缺，请与本社发行部联系，联系及邮购电话：（010）88254888，88258888。
质量投诉请发邮件至zlts@phei.com.cn，盗版侵权举报请发邮件至dbqq@phei.com.cn。
本书咨询联系方式：（010）88254161转1868，suq@phei.com.cn。

www.dk.com

顾问

卡尔·瓦西在中、小学和大学教授数学多年。他为世界各地的中学生编写了系列畅销教科书，并致力于教育的包容性，以及不同年龄的人以不同的方式学习的理念。

编写人员

利奥·博尔毕业于英国牛津大学物理专业，是一名作家和物理教师。他还与牛津大学物理研究所和威尔士政府合作，帮助那些背景不被认可的学生进入牛津大学与剑桥大学。

希瑟·戴维斯教授数学已有30年。她曾为英国霍德教育出版社出版教科书，并为英国数学教师协会管理出版物。

朱利安·埃姆斯利是英国阳光明媚的南海岸的一名数学老师和家庭教师。他喜欢种植水果和蔬菜，喜欢在南丘陵的山丘和小路上骑行。

苏·波普是英国数学教师协会的长期成员，并与协会成员共同举办过数学教学历史研讨会。她著作颇丰，最近与人合著了《小学数学课程》一书。

苏珊·瓦特在英国剑桥大学学习数学和科学，并拥有哲学和心理学硕士学位。她是国际杂志*Science in School*的编辑，并为DK等出版社编写了许多数学和科学书。

目录

7 什么是数学？
导言

数字

10 大于和小于0的数
整数
11 打破数字
分数
12 定位小数点
小数
13 100的一部分
百分数
14 约数
约数和倍数
15 质数时间
质数
16 自己乘自己
幂与方根
17 令人费解的幂
0指数幂和负指数幂
18 由质数生成
质因数
20 大数和小数的记法
标准形式
22 与众不同的思考方式
复数
23 数集
数的分类
24 不同的进制
进制计算
25 群的规则
群论

计算

28 向前两步，后退一步
加法和减法
30 3个3是多少？
乘法
31 平均分配
除法
32 百分位和千分位
小数的计算
34 多还是少？
四舍五入和估算
36 分数之和
分数的计算

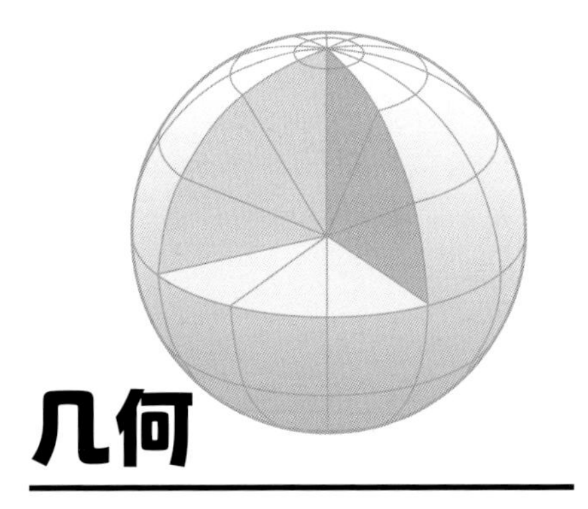

几何

40 测量转动大小
角
41 平行法则
平行线中的角
42 平面图形
二维图形
44 3条边的平面图形
三角形的类型
46 4条边的图形
四边形的类型
48 很多个角的和
多边形中的角
50 三维图形
立体图形的类型
52 制作视图
三视图
53 多个副本
对称
54 绘制点
坐标几何
56 图形变换
变换
58 改变形状
拓扑学
60 四维几何
闵可夫斯基空间
62 放大
分形几何

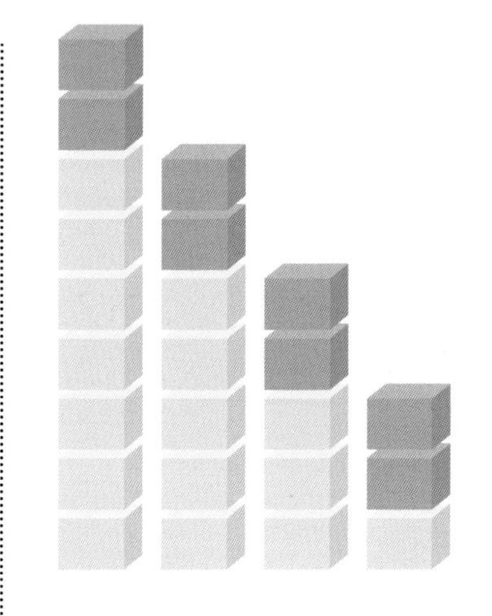

代数

66 建立方块
项和表达式
67 保持简化
化简表达式
68 使用幂
指数法则
69 改变表达式的形式
展开和因式分解
70 定义关系
公式
71 平衡法
线性方程
72 什么是二次方程
二次方程
73 用代入法求解
方程组
74 不是所有的等式都相等
不等式
75 接下来是?
数列
76 独特的数字模式
特殊数列

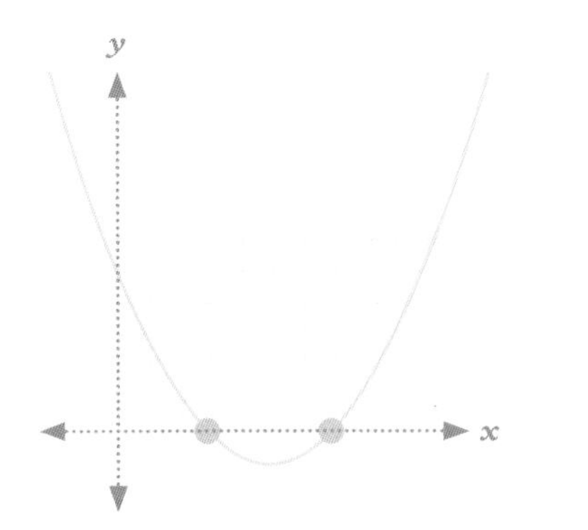

图像

80 **函数机器**
函数

82 **绘制线性方程**
线性图

83 **抛物线**
二次图

84 **用图像表示方程**
图解方程

85 **使用现实世界中的数据**
现实生活中的图像

比和比例

89 **比较数量**
比

91 **比较关系**
比例和百分比

92 **计算变化率**
增加和减少的百分比

93 **随着时间增加**
复利

94 **按比例变化**
正比例与反比例

96 **理想的比例**
黄金比例

98 **指数增长**
指数

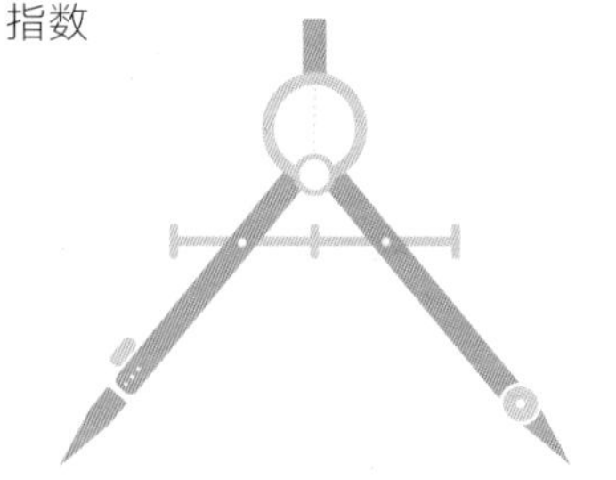

测量

102 **量身定制**
度量单位

103 **时间问题**
时间

104 **图形的面积**
面积和周长

105 **漫话圆**
圆

106 **空间填充**
体积

108 **展开结果**
表面积

109 **精确程度**
精度与范围

110 **直角三角形**
毕达哥拉斯定理

113 **比例尺**
缩尺图和地图

114~115 **相似或一致？**
全等和相似
117 **与三角形有关的计算**
三角函数
119 **应用三角函数**
三角函数的应用
120 **斜三角形**
正弦定理和余弦定理
121 **组合单位**
复合测量
122 **点的集合**
尺规作图和轨迹
124 **大小和方向**
向量
126 **什么是矩阵？**
矩阵

统计和概率

130 **统计学重要吗？**
统计学
131 **抽样和调查**
收集数据
132 **数据图表**
表示数据
134 **理解数据**
分析数据
136 **这是什么意思？**
解释数据
137 **寻找联系**
相关
138 **衡量可能性**
概率等级
139 **计算结果**
概率的实验
140 **在完美的世界里**
理论概率
141 **测试概率**
比较实验概率和理论概率
142 **概率树**
组合事件的概率
143 **并集**
维恩图
144 **视情况而定**
条件概率
145 **用数据反映**
概率分布
146 **非常不可能的事件**
无限猴子定理

微积分

150 **衡量变化**
变化率
151 **变化值**
函数的导数
152 **求量的总和**
估算面积
153 **曲线下的面积**
函数的积分
154 **逆过程**
微积分基本定理
155 **生活中的微积分**
微积分的应用

什么是数学？

古希腊哲学家普罗克洛斯曾写道：“哪里有数，哪里就有美。”如今，数学已经远远超出数的范围，延伸到代数和几何等领域。有些人觉得数学很美，而有些人则畏惧数学。实际上，数学很有可能以某种人们意想不到的方式渗透到所有学科。虽然人们普遍认为数学研究的是数量、形状和模式，但我们很难给出一个关于数学的简单定义。我们今天看到的如此庞大的数学分支是演化了数千年的结果——从蚀刻的骨头中发现的早期计数证据，到印度-阿拉伯数字系统的发明，再到现代的抽象代数。

在我们日常生活的许多方面，数学都是极其重要的，不仅是为了通过考试，在超市或装饰房间时，我们也会用到数学知识。我们中的许多人都有解决一些问题的方法，尽管我们并不总是拥有在各种情况下自信地应用数学所需的知识。

本书提供了许多数学主题背后简明的、可视化的介绍，比如数字、测量和统计。本书还涉及一些更高级的主题，如微积分，以及一些迷人的方面，包括分形几何和黄金比例。希望这本书能传递数学之美，同时它还具有一定的实用价值；最重要的是，希望它能让更多的人不再畏惧数学。

数 字

数字是我们用来表示事物数量的符号。它可以是整数、分数或负数，甚至可以表示所谓的虚数。数字的表示法可能是从穴居人使用简单的计数符号开始的，后来通过罗马数字等系统，发展到今天普遍使用的阿拉伯数字。虽然阿拉伯数字系统无处不在，但其他数字系统，如中国的数字系统，也经常在日常生活中使用。

整数包括非负整数和负整数。注意，0也是整数。

数轴

整数可以在数轴上表示出来，数轴是一条向两边无限延伸的直线。

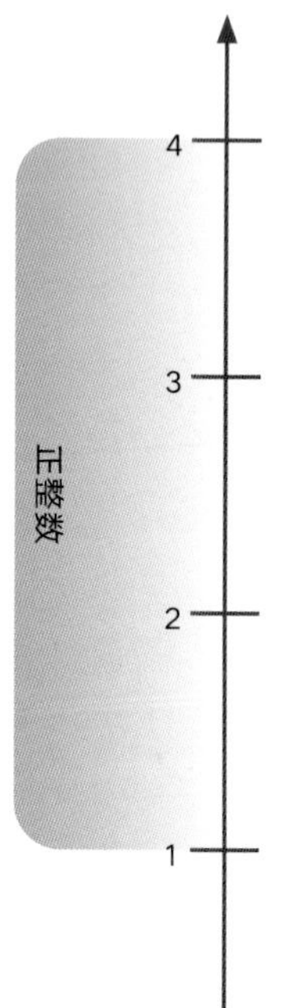

大于和小于0的数

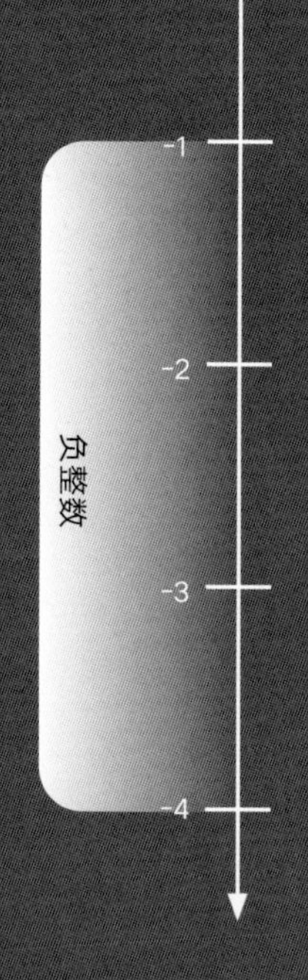

自然数（1，2，3，…）是数学的基础。0本身也是一个数字，从0，1，2，3到无穷大的数字是非负整数，比0小的数（-1，-2，-3，…）叫作负整数，它们常被用来描述零下温度。非负整数和负整数统称为整数。

打破数字

介于两个整数之间的数通常被写成分数的形式。分数常用于精确测量或将事物分成若干相等的部分。分数（fraction）一词起源于拉丁语“fractio”，意为“破裂”或“碎成一片片的”。分数是表示整数一部分的一种方法。分数由两个数字组成，其中一个置于另一个的上面，中间用一条线分开。

$$\frac{3}{4}$$

分子

上面的数字是被描述的相等部分的数量。

分母

下面的数字是相等部分的总数。

分数线

中间的线

整数的一部分

分数描述的是存在于两个整数之间的数。一个整数可以分成2份，4份，……

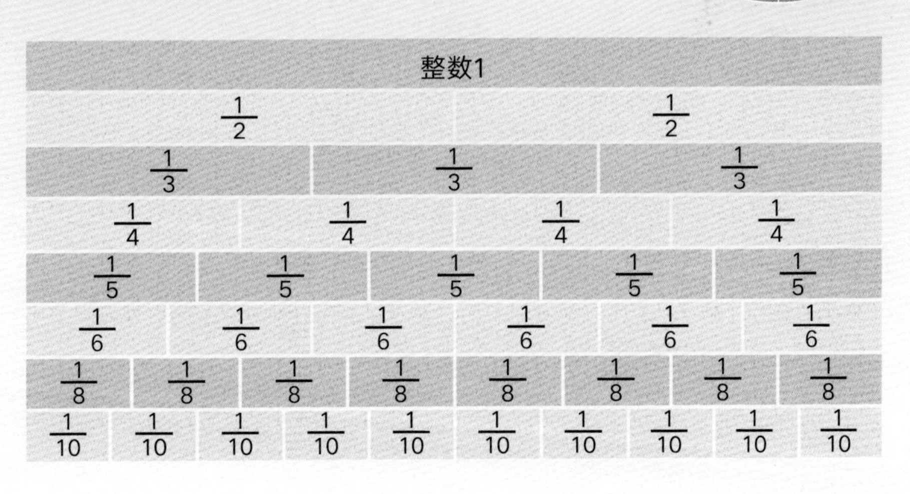

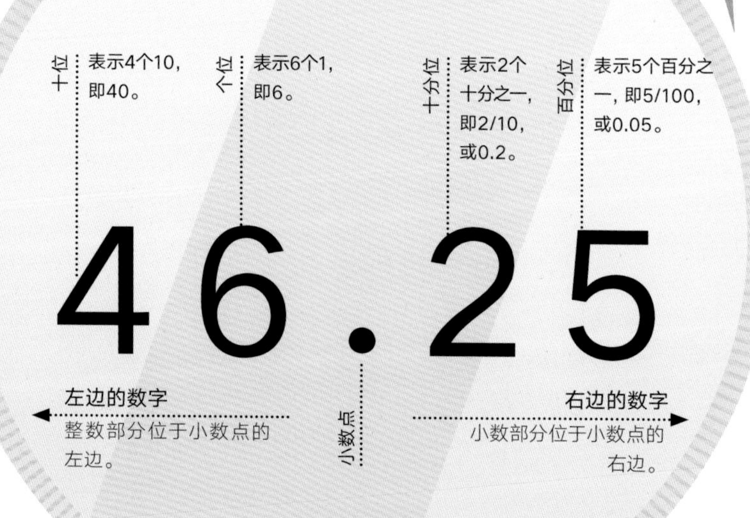

定位小数点

十进制是世界通用的数字系统，它以数字10为基础。像分数一样，小数可以表示非整数。大于1的部分与小于1的部分用小数点隔开。十进制起源于中国，在公元前1400年的商代就已出现，在已发现的商代甲骨文中就有相关记载，然后从16世纪开始被欧洲人采用。

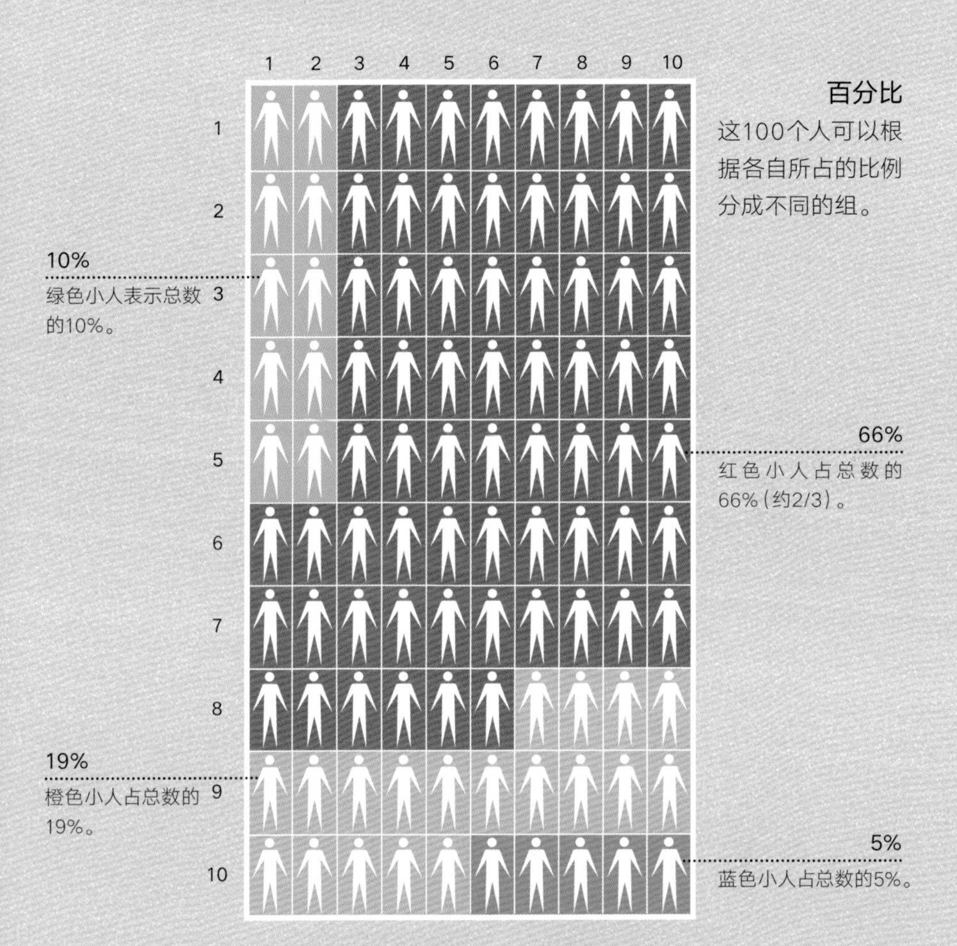

100的一部分

我们用百分数来表示将一个量分成100份的分数，其中100%代表整个量。1%表示将一个量分成100份，取其中的1份；50%表示取其中的50份或者一半。符号“%”用来表示百分比。在金融领域，百分数的使用已超过两千年。早在古罗马，尤利乌斯·恺撒就对商品的销售征收1%的税。

约数

一个数的约数是能整除该数的正整数，例如，12的约数为：1，2，3，4，6，12。一个数乘以任意正整数就是这个数的倍数，例如，6，12，18，24等都是6的倍数。如果x是y的约数，那么y就是x的倍数。所以3是12的约数，而12是3的倍数。

一个数的约数只有有限个，而一个数的倍数则有无限个。

约数的可视化

把由10个小块组成的巧克力分成若干相同的部分，有4种分法。这表明10有4个约数：1，2，5，10。

分成1份，整个巧克力还是10小块，表明1和10是10的约数。

$10 \div 1 = 10$

分成5份，每份2小块，表明2和5是10的约数。

$10 \div 5 = 2$

对半分，每份5小块，表明2和5是10的约数。

$10 \div 2 = 5$

分成10份，每份是单独的1小块，再一次表明1和10是10的约数。

$10 \div 10 = 1$

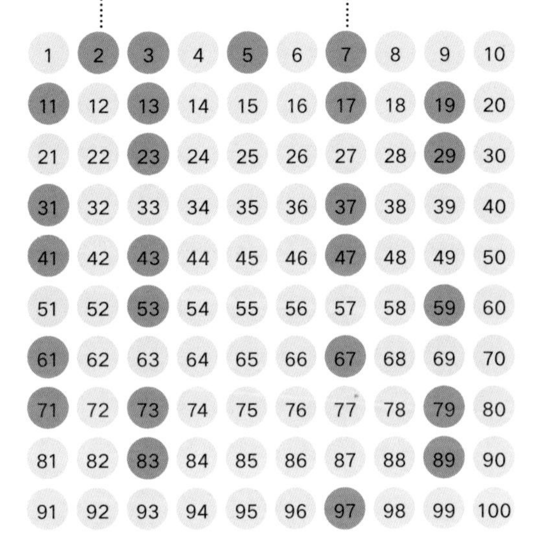

质数时间

质数是只有1和它本身两个约数的正整数。例如，2，3，5，7，11，13都是质数。1不是质数，因为它只有一个约数。古希腊人热衷于研究质数，其中埃拉托色尼因发明了一种确定质数的算法——埃拉托色尼筛法而被后人所熟知。质数有无穷个，将质数应用于密码学中，可以为全世界的银行系统提供安全保障。

100以内的质数

2~100中共有25个质数。一个不超过100的数，如果它不能被2，3，5，7整除，那么它就是一个质数。

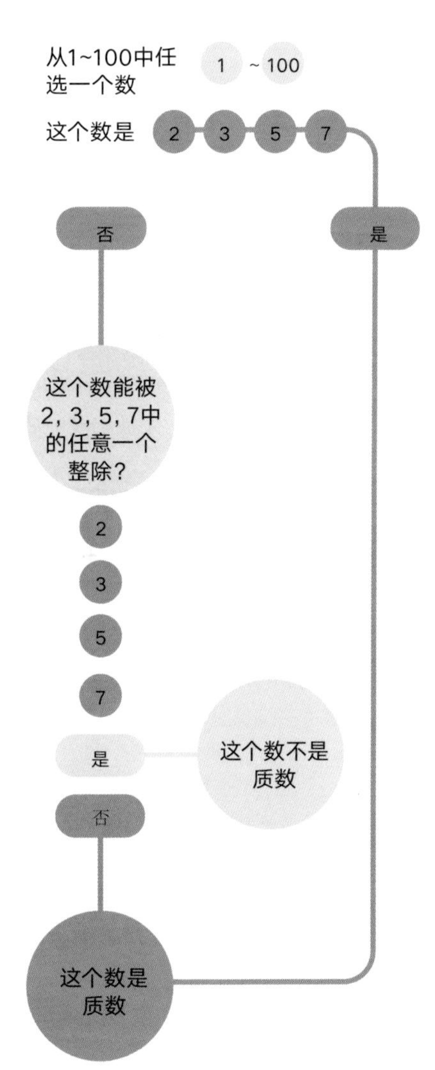

平方和平方根

$(\pm3)^2=9$。一个数（比如9）的平方根相当于问哪个数自乘两次等于这个数，一个数的平方根记作$\sqrt{\ }$。9的平方根为±3，因为3×3=9，(−3)×(−3)=9。

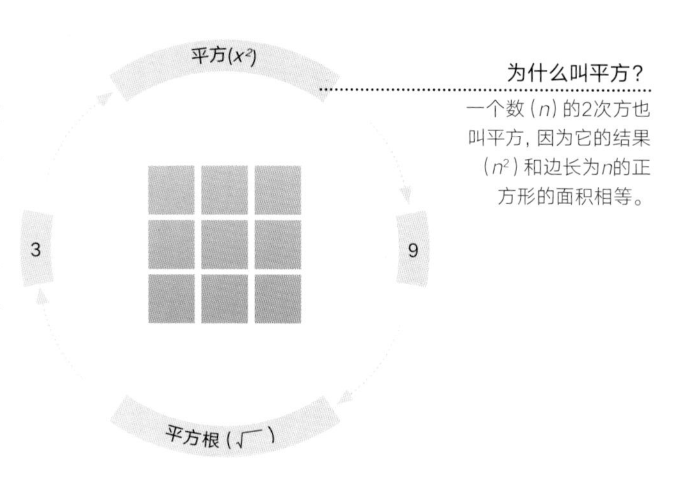

为什么叫平方？

一个数（n）的2次方也叫平方，因为它的结果（n^2）和边长为n的正方形的面积相等。

自己乘自己

当一个数n自乘x次时，可以表示成幂或指数（参见第68页）的形式，记作：n^x。比如，$3\times3=3^2$（读作“3的2次方”）。一个数的2次方，也叫作平方，3次方叫作立方。相反地，一个数的方根相当于问哪个数自乘指定次数后等于这个数。最常用的是平方根和立方根。

立方和立方根

$3^3=3\times3\times3=27$。相反地，一个数（比如27）的立方根相当于问哪个数自乘3次等于这个数，立方根记作$\sqrt[3]{\ }$。这里，27的立方根是3（$\sqrt[3]{27}$）。

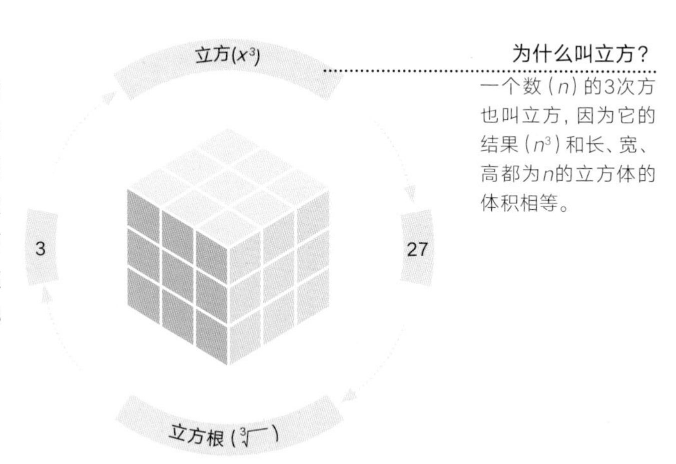

为什么叫立方？

一个数（n）的3次方也叫立方，因为它的结果（n^3）和长、宽、高都为n的立方体的体积相等。

令人费解的幂

幂的指数并不总是正数。下表显示了10的次幂，从1万亿到1万亿分之一。这些数从上往下有一个模式，当幂的指数减1时，这个数除以10。因此，$10^0=1$，实际上，任何数（非零）的0次幂都是1。这个模式也显示了10的负指数幂的结果都小于1。当使用非常大和非常小的数时，经常使用代号以节省时间。例如，1GB（1千兆字节）包含1 000 000 000字节。

名称	通常的记法	幂	代号
万亿	1 000 000 000 000	10^{12}	TERA (T)
十亿	1 000 000 000	10^{9}	GIGA (G)
百万	1 000 000	10^{6}	MEGA (M)
千	1 000	10^{3}	KILO (k)
百	100	10^{2}	HECTO (h)
十	10	10^{1}	DECA (da)
一	1	10^{0}	无
十分之一	0.1	10^{-1}	DECI (d)
百分之一	0.01	10^{-2}	CENTI (c)
千分之一	0.001	10^{-3}	MILLI (m)
百万分之一	0.000 001	10^{-6}	MICRO (μ)
十亿分之一	0.000 000 001	10^{-9}	NANO (n)
万亿分之一	[illegible]	10^{-12}	PICO (p)

约数树

这是将一个数分解成质因数乘积的有用工具。

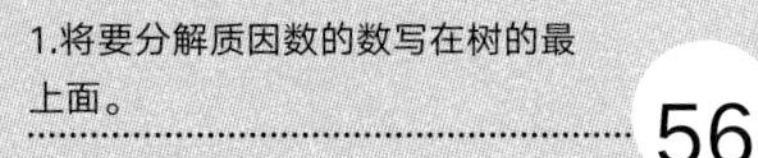

1.将要分解质因数的数写在树的最上面。

56

2.将这个数分解成两个约数的乘积，并把它们写在下面。

2　28

3.如果这个约数是质数，就停止分解，否则就继续将其分解，直至每个分支的数都是质数。

2　14

2　7

4.把每个分支末端的质数逐一写下来。

$$2 \times 2 \times 2 \times 7 = 56$$

$$2^3 \times 7 = 56$$

5.把原数写成质因数乘积的形式。

由质数生成

最小公倍数是两个或两个以上整数共有的最小倍数。例如，15和10的最小公倍数是30。最大公约数是两个或两个以上整数共有的最大约数。对15和10来说，它们的最大公约数是5。如果一个数的约数同时也是质数，那么就称这个约数为质因数。任何一个大于1的整数，要么是质数，要么是几个质数的乘积，例如42=2×3×7。

加密术

质因数可用于加密隐私数据，如信用卡的详细信息。一个非常大的数由两个保密的质因数相乘得到，这个大数称为公开密钥，保密的质因数称为私有密钥。只有知道私有密钥的人才能访问数据。

“你周围的一切都是数学。
你周围的一切都是数字。”
——夏琨塔拉·戴维

大数和小数的记法

标准形式（在很多国家也叫科学记数法）是一种用于表示较大数和较小数的方法。它以10的次幂为基础，常写成$a \times 10^b$的形式，其中a是1~10的非零数，b是整数。例如92000，也就是9.2×10000，标准形式是9.2×10^4。这种记数方法被科学家们广泛使用，如天文学家和细胞生物学家。

DNA分子大小

极小分子

DNA分子的大小约为0.000 000 002米或2×10^{-9}米。

较小数

较小的数写成标准形式时10的指数是负数。例如，0.001的标准形式是10^{-3}。

较大数

用标准形式表示一个大数的方法：在第一个数字后面添上小数点，然后数一下第一个数字后面有多少个数字，把这个数作为10的指数。

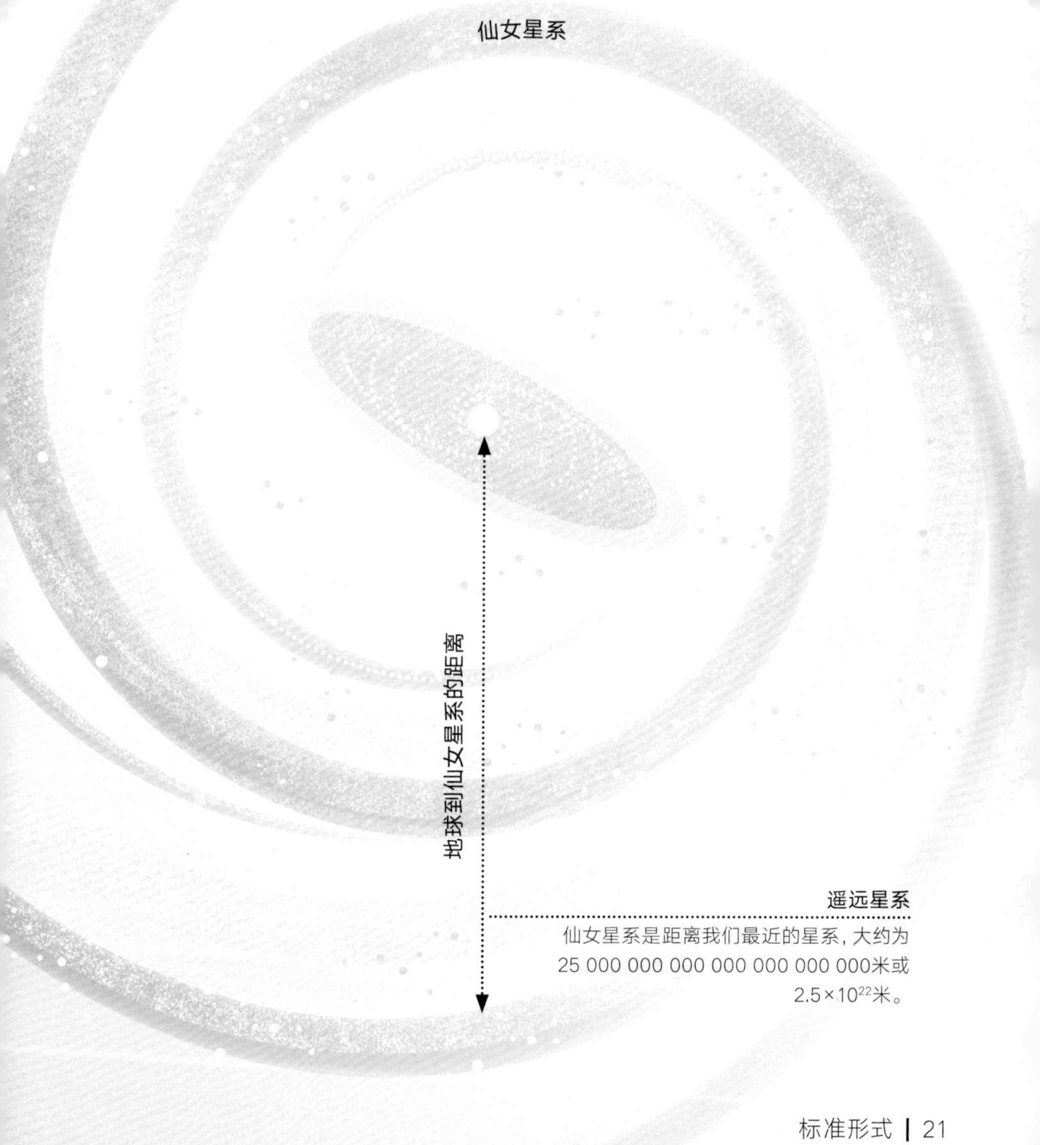

仙女星系

地球到仙女星系的距离

遥远星系

仙女星系是距离我们最近的星系，大约为25 000 000 000 000 000 000 000米或2.5×10^{22}米。

“精神上的折磨。”
——吉罗拉莫·卡尔达诺

$$i^2 = -1$$

虚数

想象中的数

普通的数都不能表示-1的平方根，所以定义$i=\sqrt{-1}$。

与众不同的思考方式

任何实数的平方结果总是正数或0，于是数学家们发明了虚数，用来解决负数不能开平方的问题。虚数的书写需要用到字母i，它表示-1的平方根。当一个实数和一个虚数组合在一起时——形如$a+bi$（$a,b\in R$）——叫作复数。虚数被认为是科学和工程中必不可少的工具，例如在空中交通控制系统的设计和操作中。

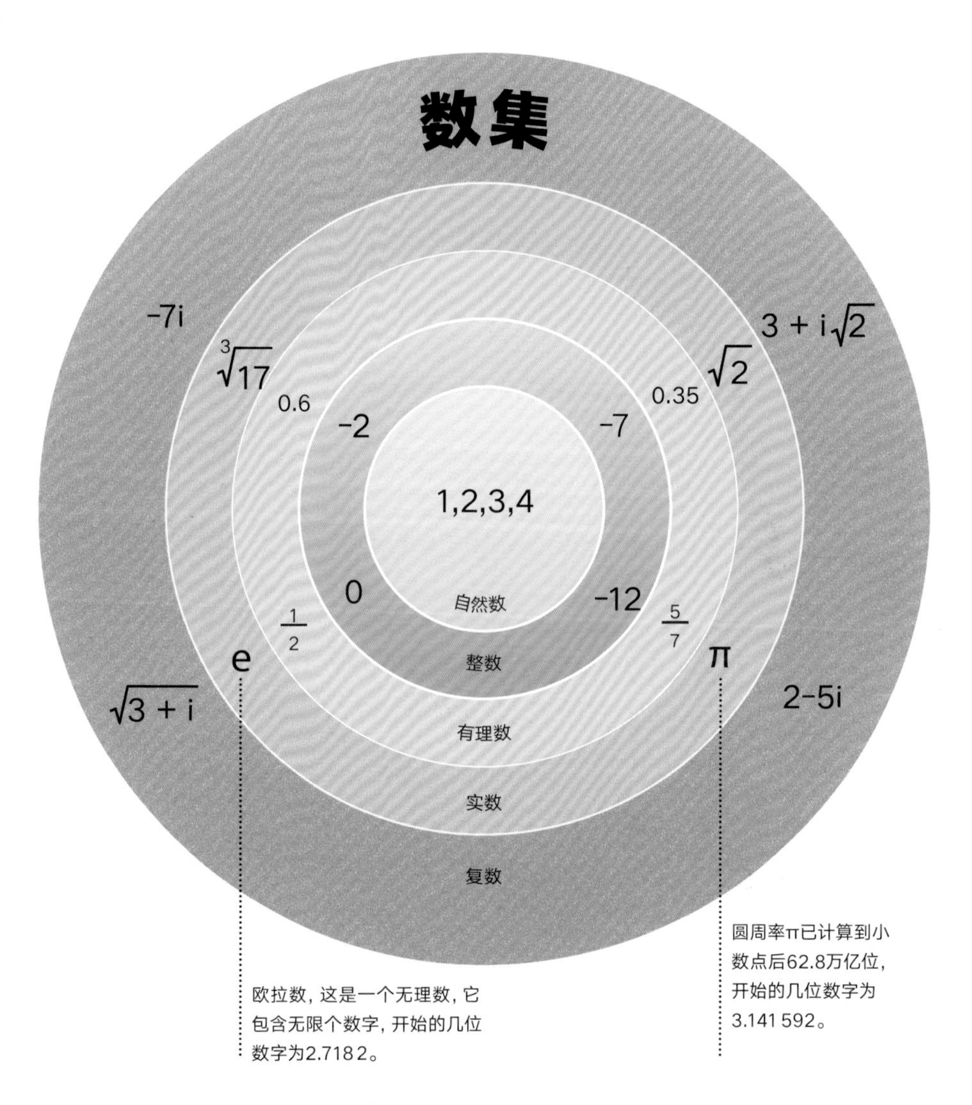

一些数是另一些数的子集，例如自然数是整数的子集。在更高的层面上，数被分为有理数和无理数。有理数可以表示为分数，即两个整数之比，而无理数则不能。有理数和无理数统称为实数。实数是复数的子集，复数包含实数和虚数。

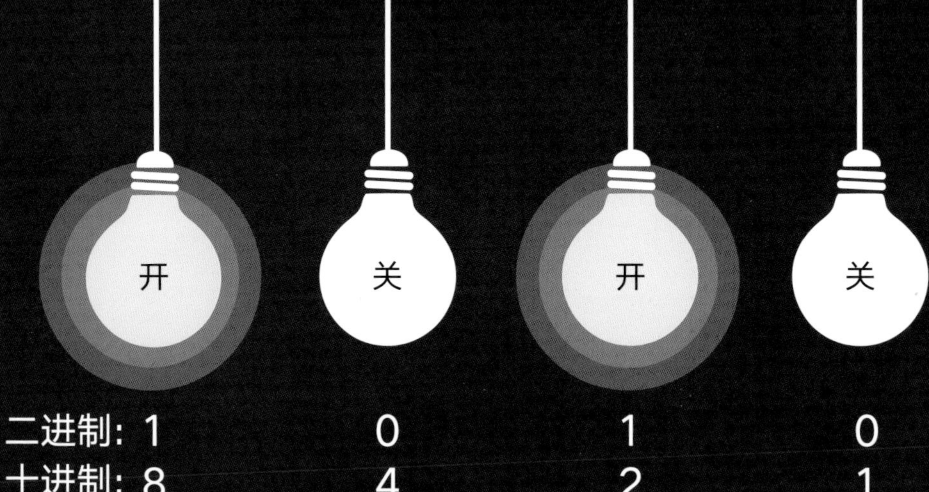

二进制数

上面这些灯泡用二进制表示了10，即相邻两个数字相差2倍。把含有1的对应位值（8和2）加起来就得到10。

不同的进制

在日常数学中，我们使用十进制，即一个数相邻两个数字相差10倍。例如，42由4和2两个数字组成，分别表示40和2。我们使用10作为基数源于我们有10个手指。除了二进制，也存在其他进制，特别是在数字电子电路和依赖计算机的设备中，就以2作为基数，也称为二进制记数法，因为它更接近计算机执行的实际二进制计算。

群的规则

群是一些元素的集合，比如整数、图形及运算。当运算作用于两个元素时得到第三个元素。例如，对整数群来说，运算可能是加法，而对由图形构成的群来说，运算可能是旋转。群包含4条公理（或者叫规则）：封闭性、结合性、单位元和逆元（如下图所示）。群论用于分析具有对称性的系统，例如化学中的分子结构。

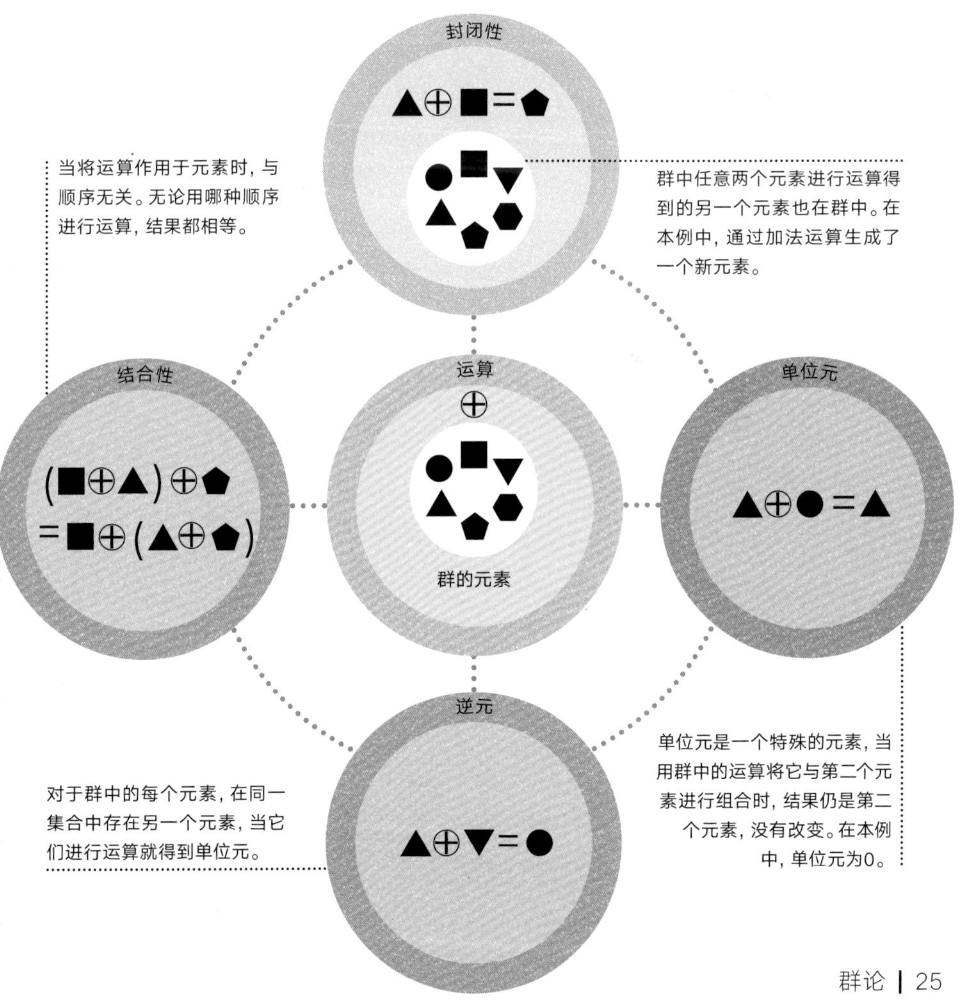

计 算

计算就是对两个数施加某种运算后输出一个新数。主要的4种运算是加法、减法、乘法和除法。我们每天都会用到计算，计算是一项生活技能。有了在头脑中或者在纸上解出答案的策略，可以帮助人们在很多数学领域更快、更准确地处理数字。对于分数或小数，计算会变得更加复杂，而使用计算器则可以使计算变得简单。

加法

1加3的结果是4，所以1与3的和是4。

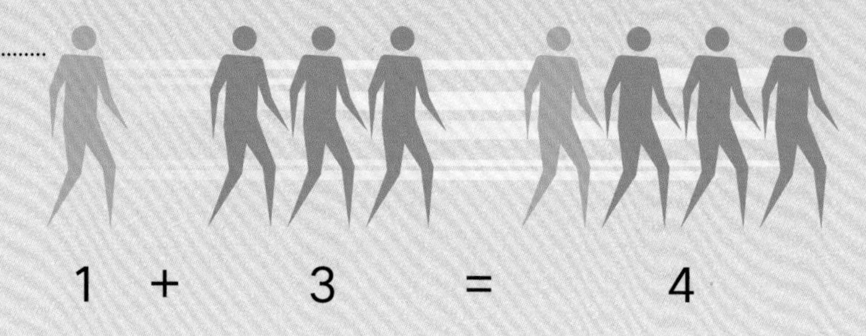

向前两步，后退一步

整数的加法和减法运算比较简单，它们正好相反，一个是在原来的数量上增加，一个是在原来的数量上减少。对减法来说，顺序是很重要的：3+5=5+3，但是5-3和3-5的结果并不相同。当数比较大时，适当地使用技巧会使计算变得更容易。补偿法是在计算时临时增加一个数，使计算更容易处理。按位法意味着将个位、十位、百位等分别处理，从而得到答案。

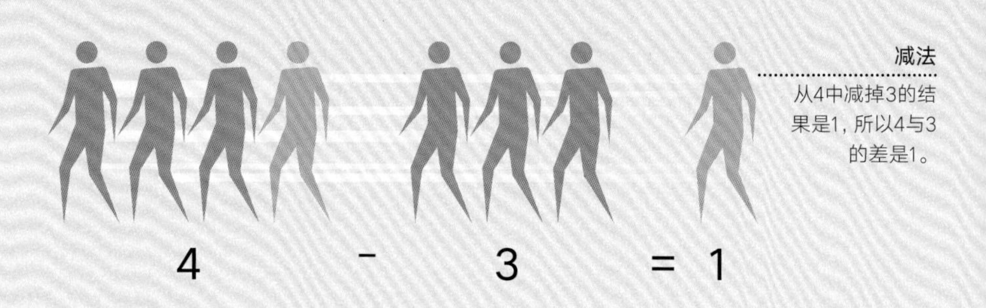

减法

从4中减掉3的结果是1，所以4与3的差是1。

补偿法

将其中一个加数加上一个数使其凑成10的整数倍，这样算加法会更简单，但是记住要减掉前面加的那个数。

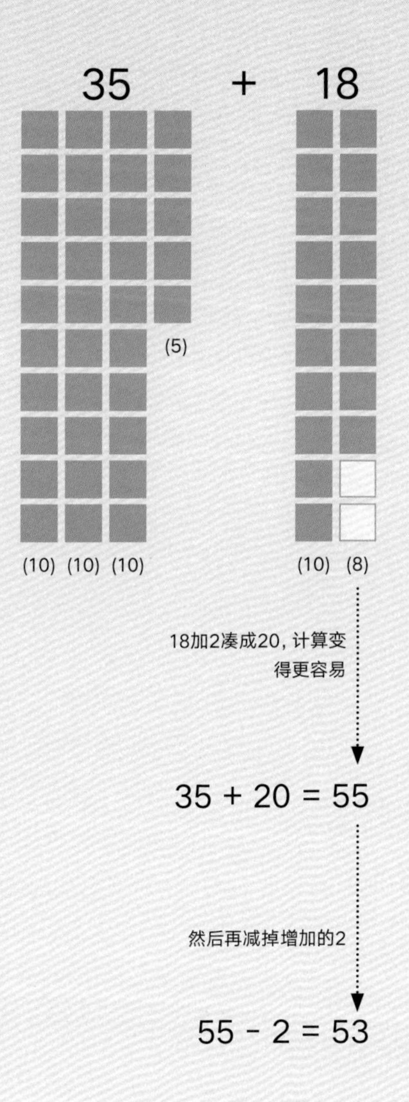

按位法

将十位和个位分别处理，使总和的每一部分更容易计算。然后将分别处理的结果加起来，从而得出计算结果。

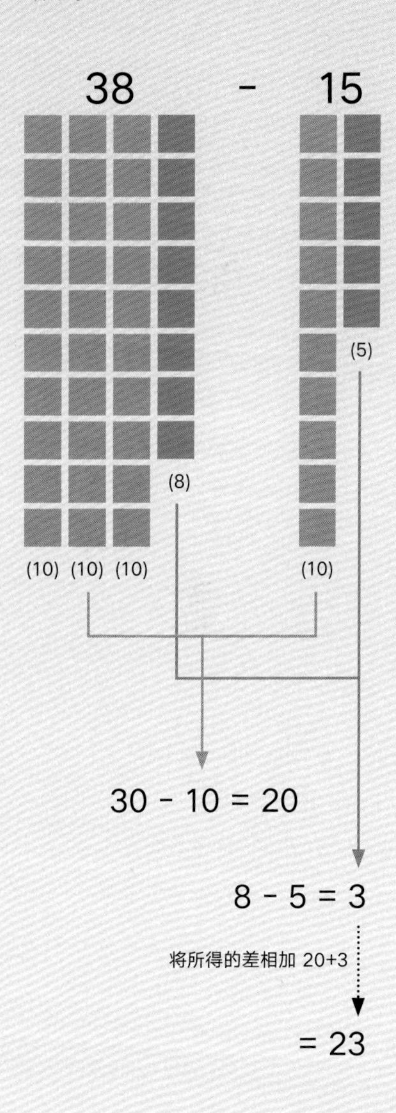

如何使用乘法表?

以6×7为例，在第1列中找到6，在第1行中找到7，6所在的行与7所在的列相交处的数就是答案：42。

×	1	2	3	4	5	6	7	8	9	10
1	1	2	3	4	5	6	7	8	9	10
2	2	4	6	8	10	12	14	16	18	20
3	3	6	9	12	15	18	21	24	27	30
4	4	8	12	16	20	24	28	32	36	40
5	5	10	15	20	25	30	35	40	45	50
6	6	12	18	24	30	36	42	48	54	60
7	7	14	21	28	35	42	49	56	63	70
8	8	16	24	32	40	48	56	64	72	80
9	9	18	27	36	45	54	63	72	81	90
10	10	20	30	40	50	60	70	80	90	100

3个3是多少?

乘法用来表示将一个数与自身相加一定的次数。例如，2乘3（写作2×3）表示2+2+2，结果等于6。上面的乘法表（也叫“九九表”）显示了10以内的两个数相乘的结果，这些是可以记住的。但对于较大的数，可以使用长乘法或计算器来计算。

平均分配

除法是乘法的逆运算。当一个数被平分时，被平分的部分加起来要等于原来的数。在不能准确平分的情况下，就要使用余数。例如，如果3个人想平分10顶帽子，那么就是要计算10 ÷ 3。但是，因为不可能将一顶帽子分成3份，所以答案是3余1。

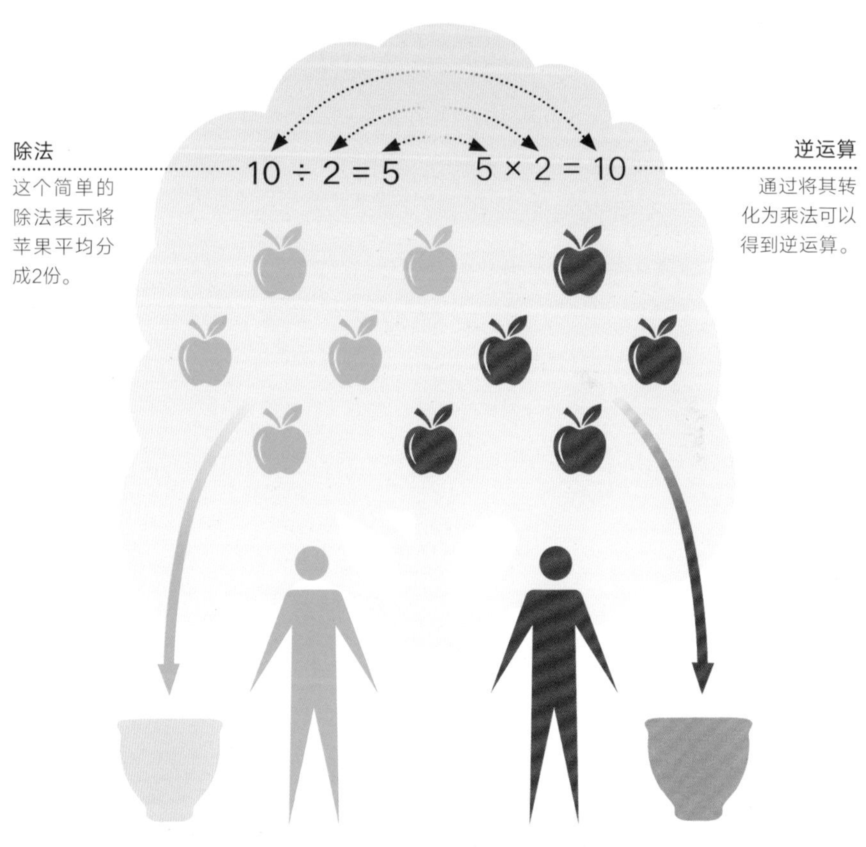

10个苹果÷2个人=每人5个苹果

百分位和千分位

小数用一个点来表示整数的一部分。例如，现金2.37英镑就是2英镑37便士。小数点后面第一位数字表示十分位，接下来是百分位等。小数也可以进行加、减、乘、除运算。如果一个小数乘以10，那么这个小数的数字相对于小数点要向左移动一位；如果除以10，则数字要向右移动一位。

位值

一个数字所在位置显示了它所代表的值。当向左移动一位时，数字的值将是原来的10倍，向右移动一位，则值减小为原来的$\frac{1}{10}$。

194.645 × 10

1000 千位	100 百位	10 十位
	1	9
1	9	4

乘

向左移动

乘以10意味着每个数字所表示的值都是之前的10倍。最终的效果就是每个数字都要向位值大的方向移动一位。

小数乘法

小数相乘，先将小数点去掉再相乘，然后在答案中加上小数点。

要转换回小数，将第一个数和第二个数的小数位数相加，就是结果中的小数位数。

12.95 × 2.6

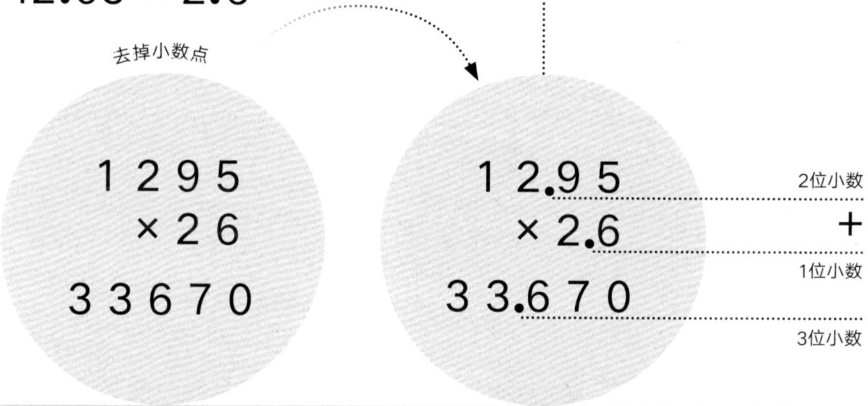

去掉小数点

$$\begin{array}{r} 1295 \\ \times 26 \\ \hline 33670 \end{array}$$

$$\begin{array}{r} 12.95 \\ \times 2.6 \\ \hline 33.670 \end{array}$$

2位小数 + 1位小数 = 3位小数

1 个位		$\frac{1}{10}$ 十分位	$\frac{1}{100}$ 百分位	$\frac{1}{1000}$ 千分位
4	•	6	4	5
6	•	4	5	

除

向右移动

除以10意味着每个数字所表示的值都是之前的$\frac{1}{10}$。最终的效果就是每个数字都要向位值小的方向移动一位。

多还是少?

四舍五入是在不需要精确数字的情况下，或者是在对计算结果进行粗略检查的情况下使用的。整数可以向上或向下四舍五入到最接近的十、百、千、万等。小数可以向上或向下四舍五入到指定的位数。一个数是向上还是向下四舍五入取决于它所处的区间。中点以上的数字向上四舍五入，中点以下的数字向下四舍五入。

1

2

3

4

向下四舍五入

数字1~4向下四舍五入。

到最近的10

如果一个数字在中点或中点以上，则向上四舍五入；如果在中点以下，则向下四舍五入。例如，35向上四舍五入为40，34向下四舍五入为30。

31≈30

约等于

约等于号用于表示四舍五入的结果，例如：31≈30，187≈200。

向上四舍五入

数字5~9向上四舍五入。

5 6 7 8 9

分数相加

当分数相加时，必须使每个分数的分母相同。在这个例子中，它们都被分成了4等份，将分子直接相加即可。

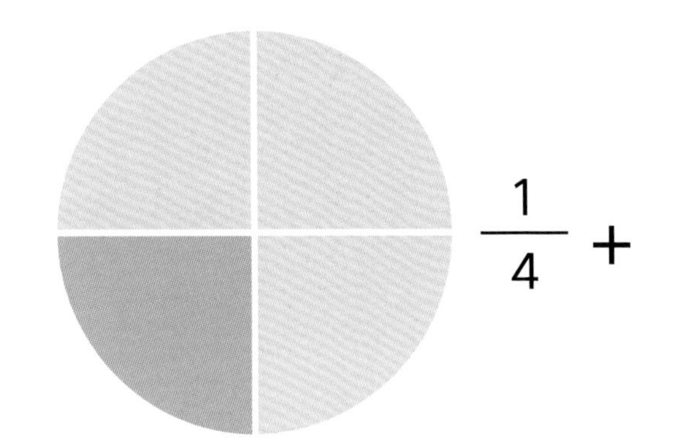

分数之和

对于分数的加法和减法，分母（分数线下面的数）相同时最好计算。如果分母不相同，需要求出它们的最小公倍数，将它作为公分母（见下图），化成分母相同的分数后再将分子相加减。分数的乘法比较简单：只要将分子和分母分别相乘作为结果的分子和分母即可。对于分数的除法，只要将第二个分数（除数）的分子和分母倒过来，再按照乘法的方法计算即可。

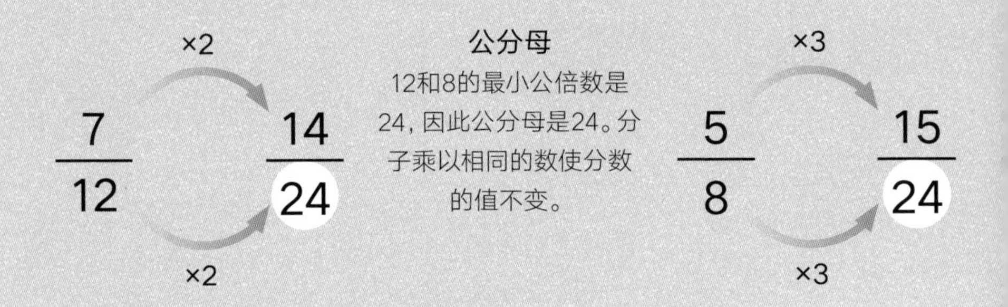

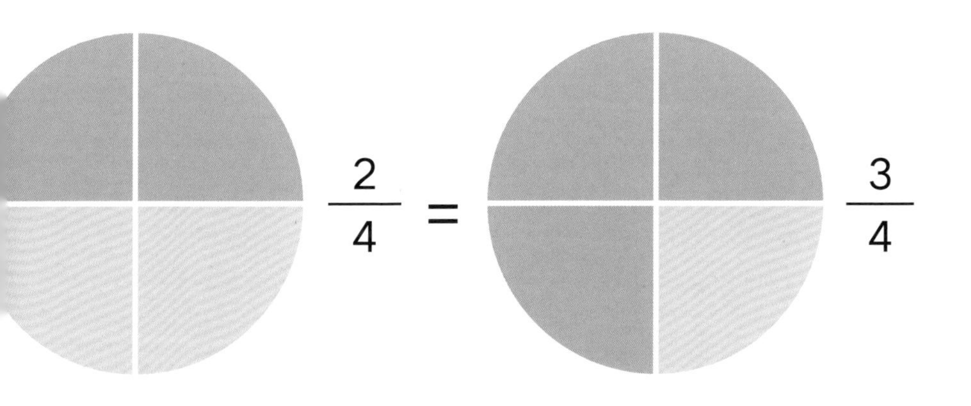

分数乘整数

分数乘整数相当于把与整数相同数量的分数相加。

$$\frac{1}{6}\times 2=\frac{1}{6}+\frac{1}{6}=\frac{2}{6}\rightarrow\frac{1}{3}$$

如果分子和分母有公因数，那么要将结果化成最简分数。

分数乘分数

分数与分数相乘，将各分数的分子和分母分别相乘。

1.将分子相乘。

2.将分母相乘。

3.把结果化成最简分数。

$$\frac{2}{3}\times\frac{3}{4}=\frac{6}{12}=\frac{1}{2}$$

几 何

几何是数学的一个分支，它研究空间中点、线、面、体的性质和关系。古希腊数学家欧几里得的《几何原本》建立在一组公理之上，直到今天，它仍主导着人们对几何学的思考。事实上，直到20世纪初，这本书还被当作标准教科书在使用。不过，从19世纪开始，其他迷人的几何体系开始发展，部分是对新兴学科，如电磁学和宇宙学的响应。如今，几何学有着广阔的研究领域，广泛应用于从气候变化到微生物的方方面面。

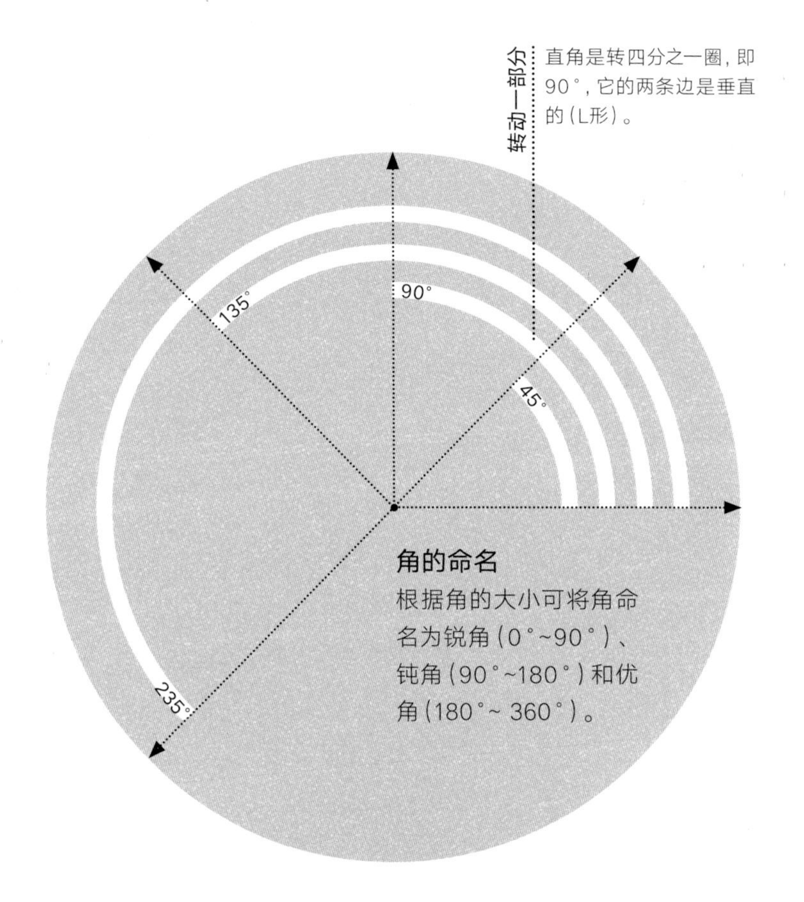

测量转动大小

两条直线相交于一点（顶点）就形成角。它是从一条直线旋转至另一条直线的度量。角的大小通常用度来衡量，转一圈是360°。有时，角也用弧度作单位，转一圈是2π（约等于6.28）弧度。方位角是用来测量方向的角度，它表示从正北方向开始顺时针转动的度数。例如，正东方向的方向角是090°——方位角总是用3个数字表示。

平行法则

两条平行线之间的距离处处相等，无论将它们延长至多远，它们都不会相交。当平行线被一条直线（称为截线）所截时，将会在几个地方产生相同的角，因为相同的对顶角（如下图所示的一组蓝色角和一组黄色角）集合是重复的。

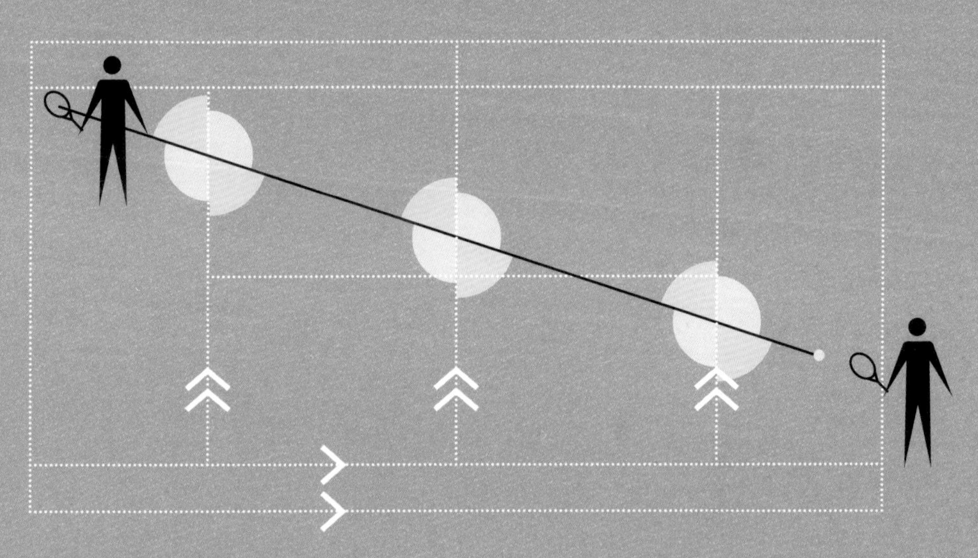

平行线和角

位于截线同侧且在两条平行线之间的角（c和e）叫作同旁内角，它们相加等于180°。位于截线两侧且在两条平行线之间的角（d和e）叫作内错角，内错角相等。

同位角

位于截线同侧且在平行线同侧的角（a和e）叫作同位角，同位角相等。

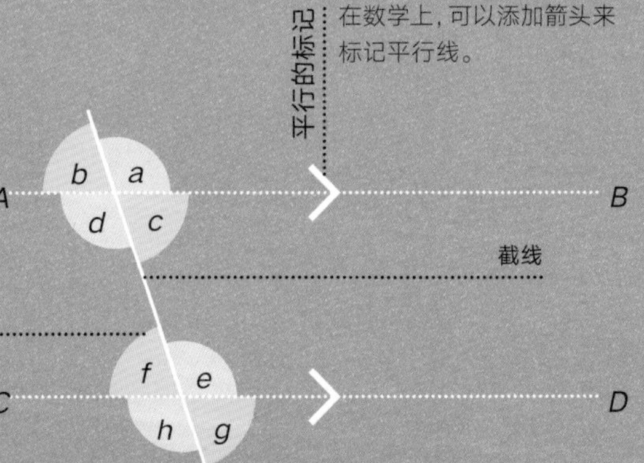

平面图形

最简单的二维图形是三角形，它有3条边。其稳定的结构使它广泛应用于建筑设计中。其他的二维图形有圆和四边形（有4条边的图形）。一般由直线段组成的二维图形叫作多边形（意思是有多条边）。圆是由曲边构成的二维图形（见第105页）。

三角形
（3条边和3个角）

四边形
（4条边和4个角）

五边形
（5条边和5个角）

六边形
（6条边和6个角）

七边形
（7条边和7个角）

八边形
（8条边和8个角）

正多边形

正多边形是各边相等，各角也相等的多边形。随着边数的不断增加，正多边形越来越接近圆形。

> 哪里有物质，
> 哪里就有几何。
> ——约翰尼斯·开普勒

九边形
（9条边和9个角）

十边形
（10条边和10个角）

十一边形
（11条边和11个角）

十二边形
（12条边和12个角）

十五边形
（15条边和15个角）

二十边形
（20条边和20个角）

3条边的平面图形

三角形是最简单的多边形，也是唯一具有稳定性的多边形。因此三角形在建筑中被大量使用，比如在电力塔和屋顶架中。三角形可以按照边和角来分类。

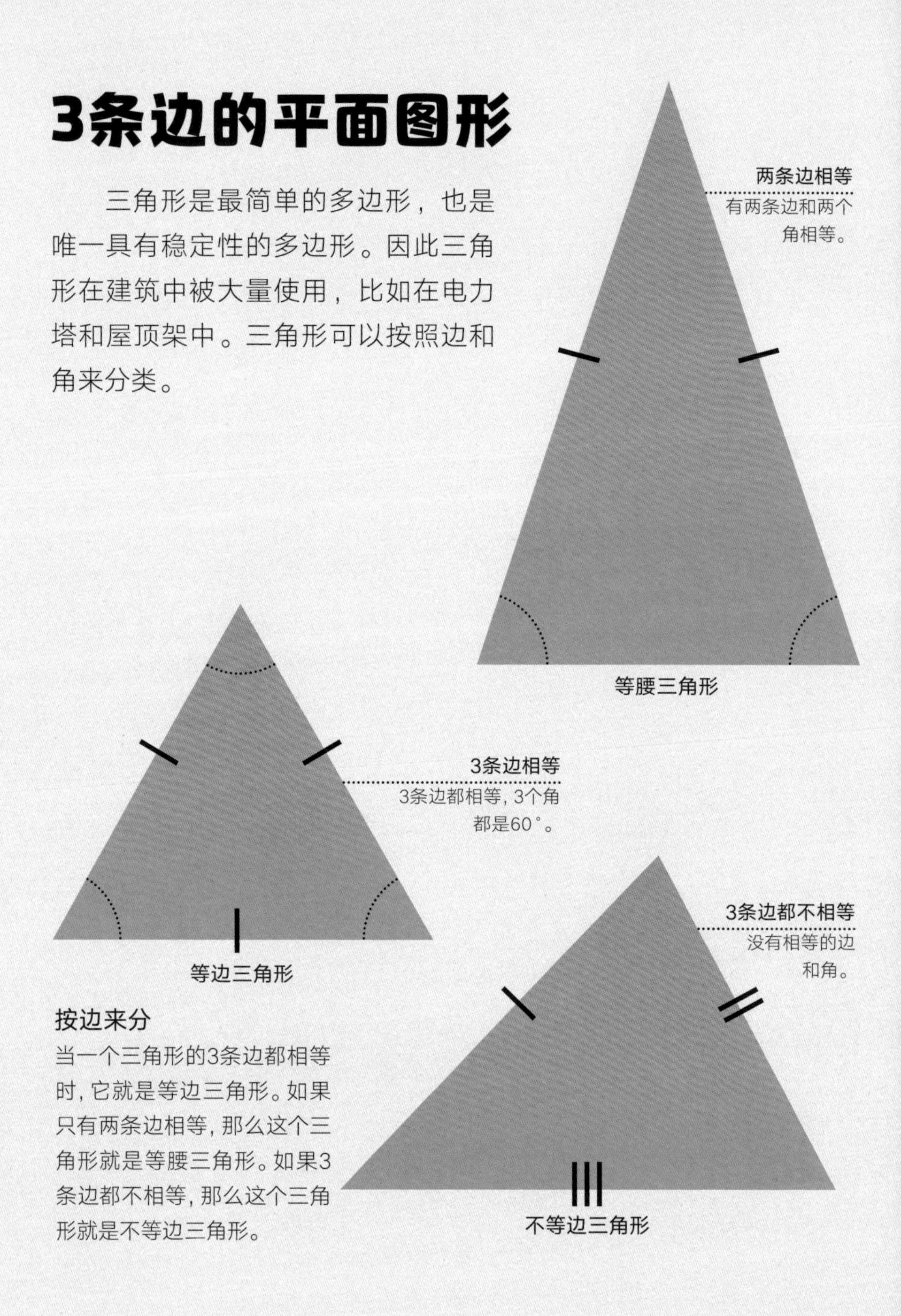

按边来分

当一个三角形的3条边都相等时，它就是等边三角形。如果只有两条边相等，那么这个三角形就是等腰三角形。如果3条边都不相等，那么这个三角形就是不等边三角形。

物质的最小粒子被柏拉图称为直角三角形。
——维尔纳·海森堡

按角来分

如果一个三角形最大的角是90°，那么它就是直角三角形。如果最大的角大于90°，那么它就是钝角三角形。如果3个角都小于90°，那么它就是锐角三角形。

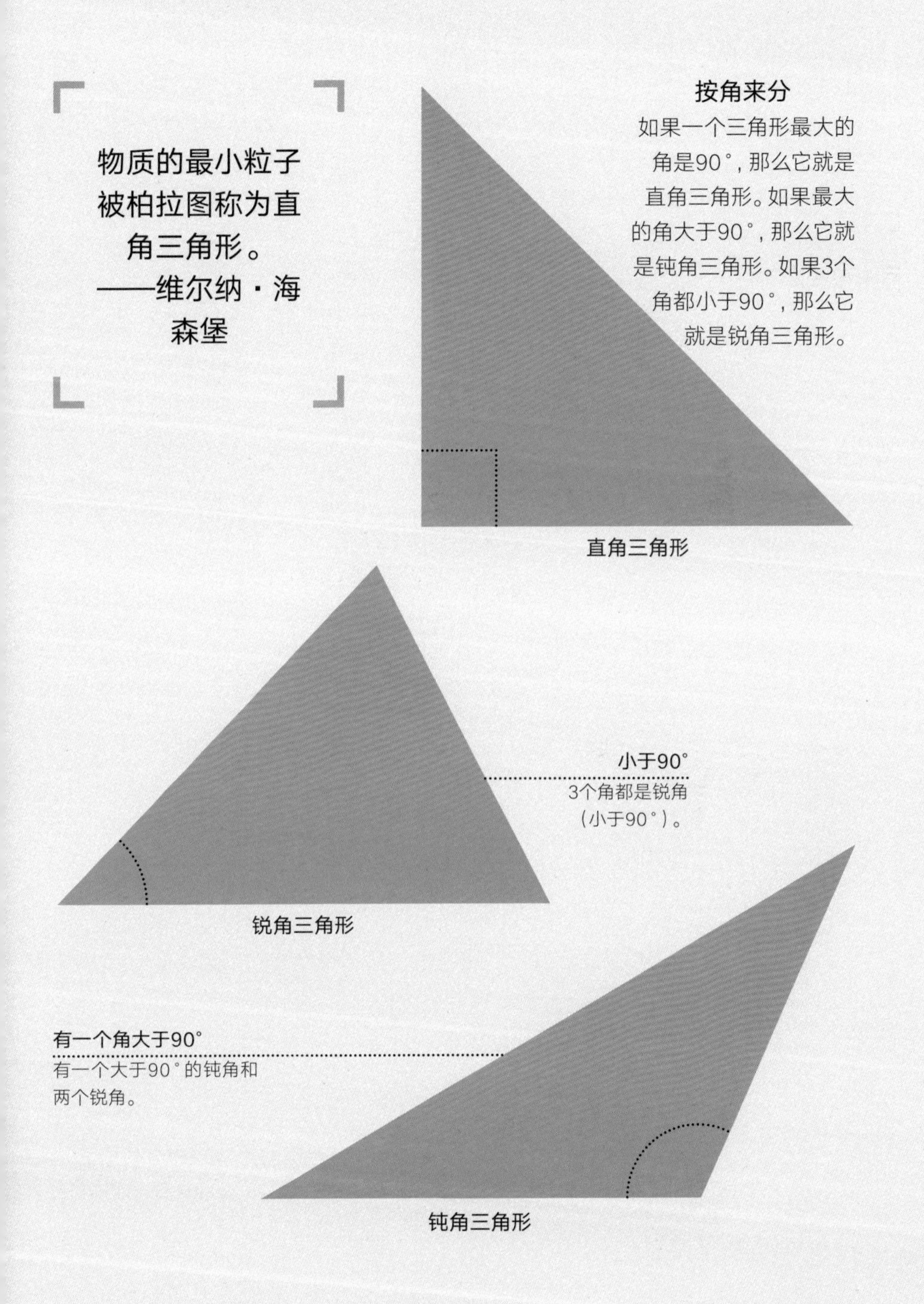

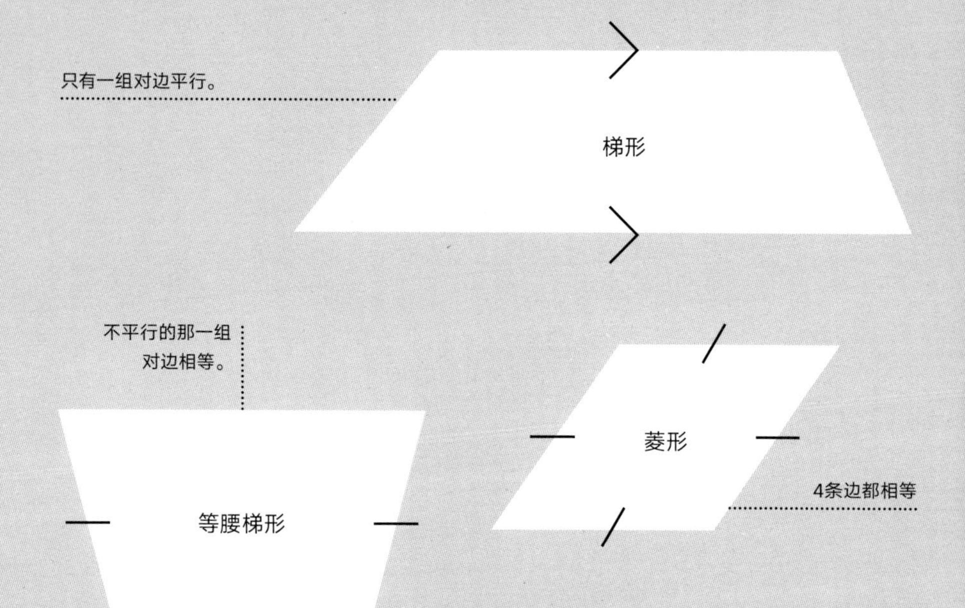

4条边的图形

四边形是有4条边和4个角的平面图形。按照边和角的性质可以将四边形进行分类。例如，菱形的4条边都相等，正方形是4个角都相等的特殊菱形，正方形也可以看作4条边都相等的特殊长方形。任意一个四边形都能分成两个三角形，因此四边形的内角和是360°。

四边形

四边形是有4个顶点、4个角和4条边的多边形，但是它们可以组合成各种不同类型的四边形。

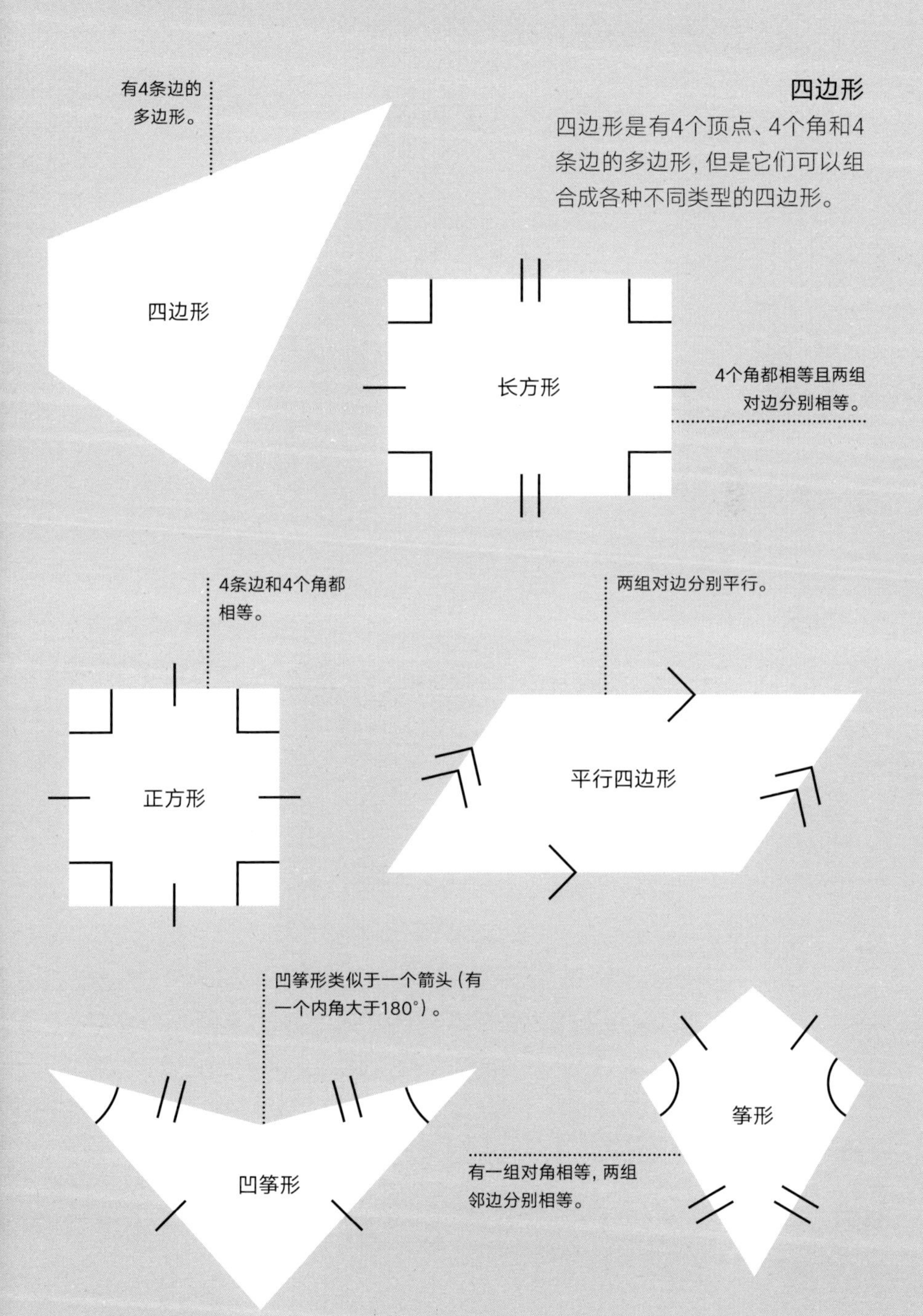

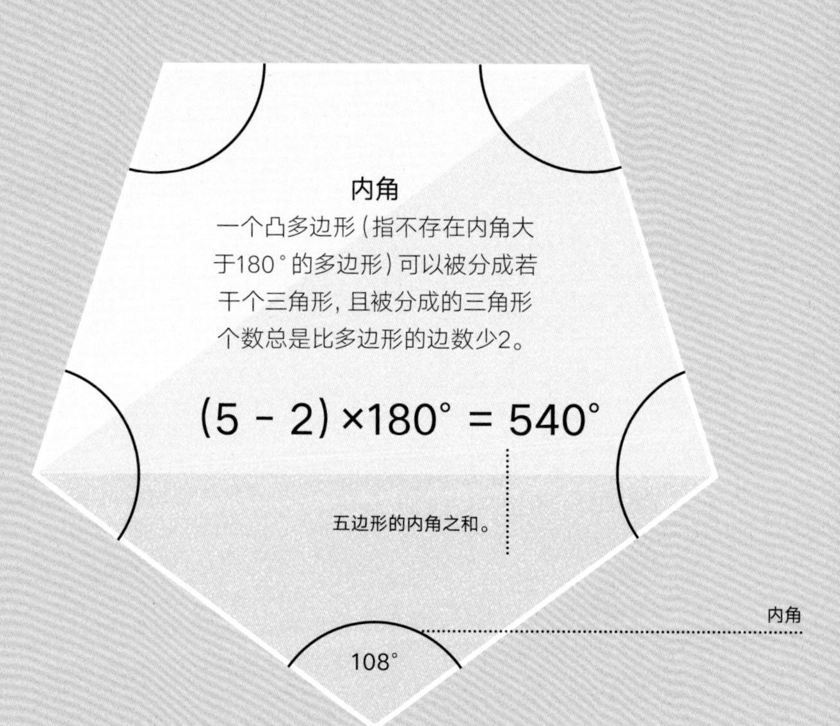

很多个角的和

任意一个多边形都能分成三角形，求出能分成的最少的三角形个数就可以知道多边形的内角之和。因为三角形的内角之和等于180°，所以多边形的内角之和就等于能分成的最少的三角形个数乘以180°。例如，四边形（见第46~47页）的内角和是360°，五边形的内角和是540°等。将多边形的一条边向外延长就得到多边形的一个外角。想象一下，假设沿着任意一个多边形走一圈，最后回到出发点，相当于正好转了一个圈，也就是说转过的角度的总和为360°。因此，任意一个多边形的外角之和总是360°。

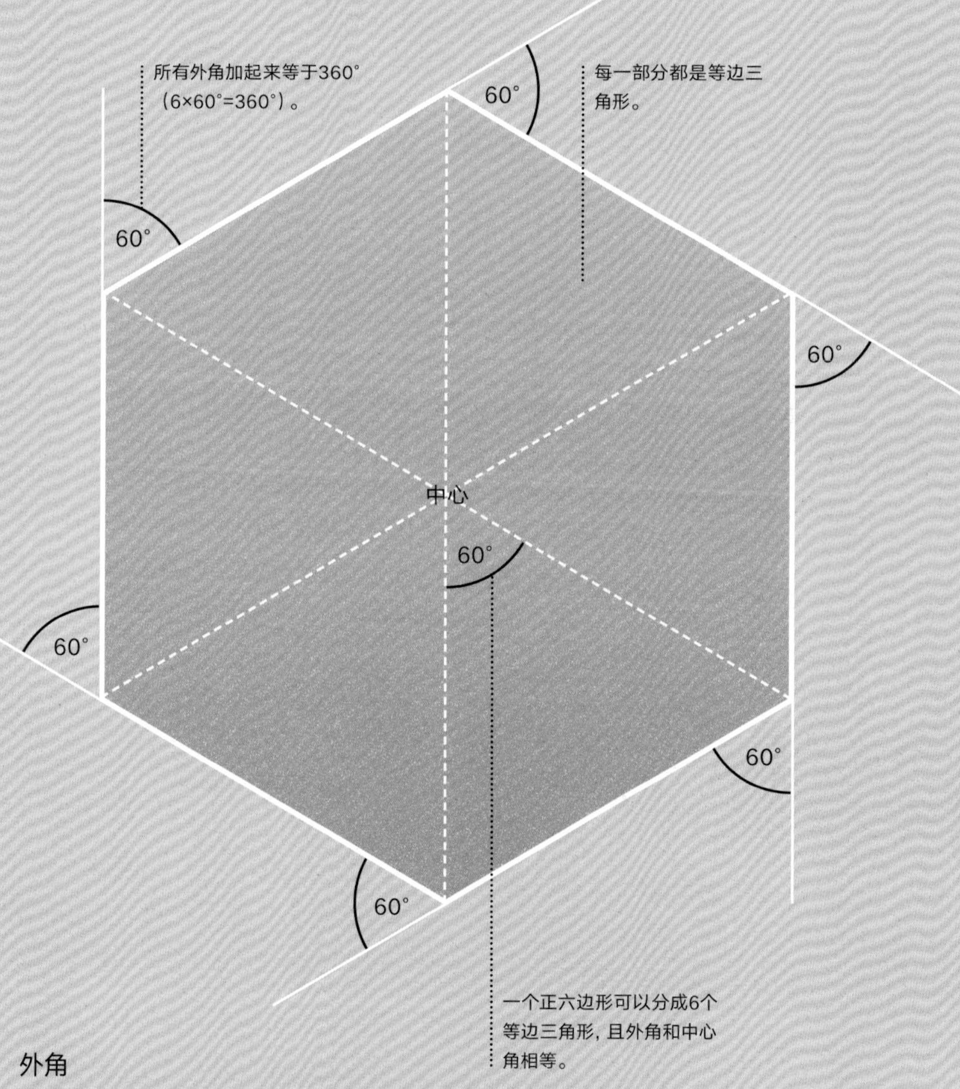

外角

任意一个多边形的外角之和都是360°。正多边形的外角等于360°除以正多边形的边数。

三维图形

占据一定空间的图形是三维图形（3D图形）。多面体是由多边形的面构成的三维图形。最简单的多面体由4个三角形面构成。并不是所有的三维图形都是多面体，球体是由到一个定点的距离都相等的所有点构成的，球面是一个曲面。圆锥和圆柱既有曲面也有平面。当一个三维图形被“平整地铺开”时，就得到了它的展开图——对多面体来说，这是容易做到的，但是对球体来说却不太可能，所以世界地图看上去总是有点儿扭曲。

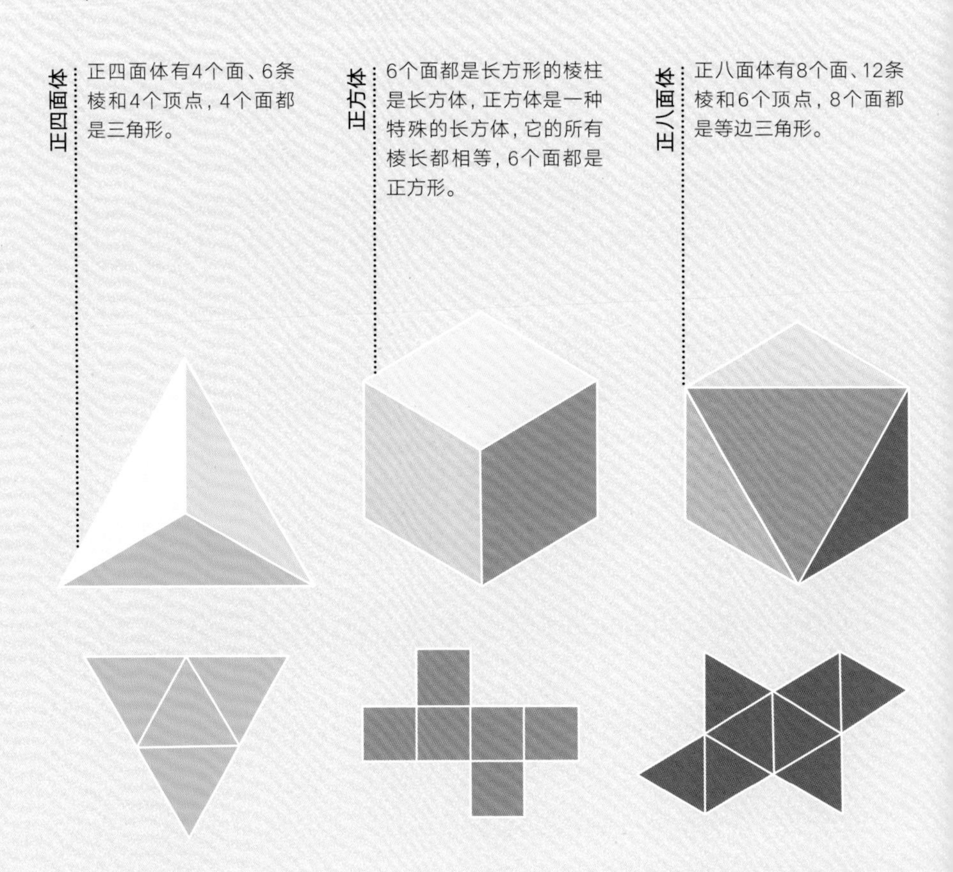

每一个柏拉图立体都对应一种元素：正四面体对应火元素，正六面体（正方体）对应土元素，正八面体对应气元素，正十二面体对应天元素，正二十面体对应水元素。

柏拉图立体

正多面体只有5种，也叫柏拉图立体，是以古希腊哲学家柏拉图的名字命名的。正多面体每个面都是同样的正多边形，并且每个顶点（棱相交的点）外的面数都相同。

正十二面体

正十二面体有12个面、30条棱和20个顶点，12个面都是正五边形。

正二十面体

正二十面体有20个面、30条棱和12个顶点，20个面都是等边三角形（见第44~45页）。

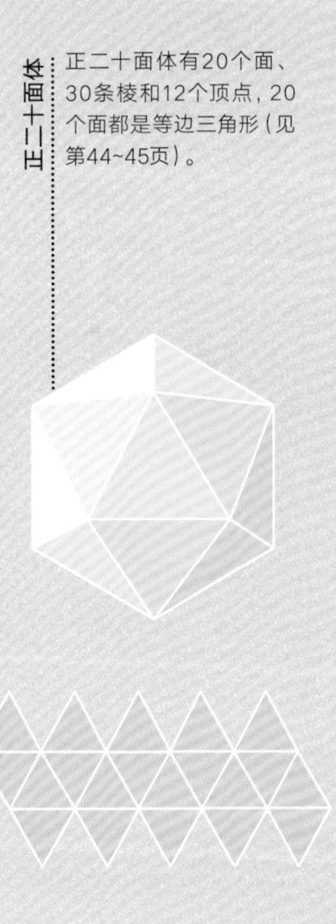

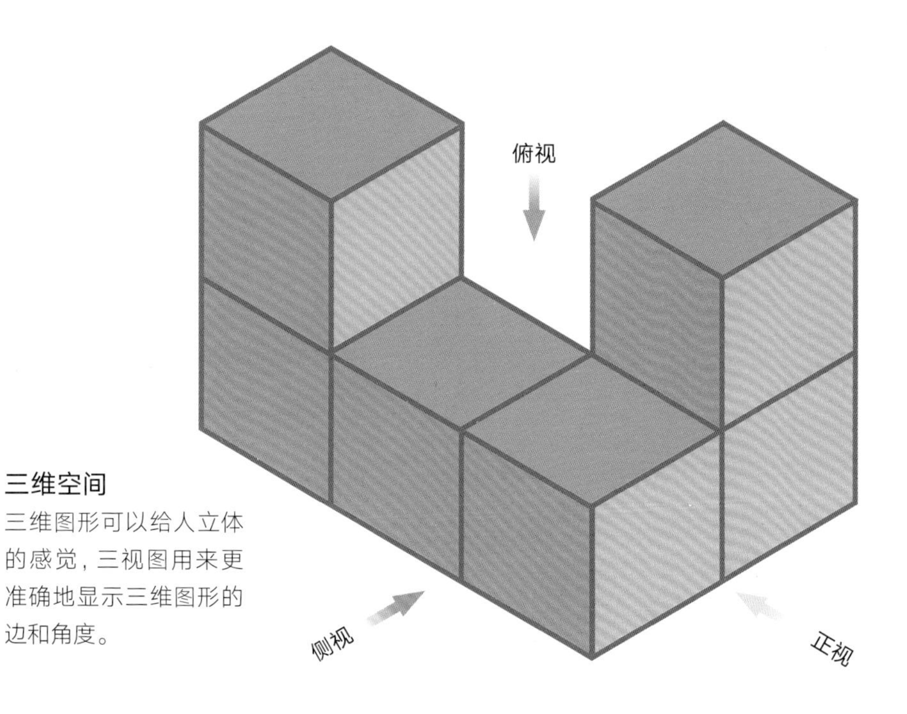

三维空间
三维图形可以给人立体的感觉，三视图用来更准确地显示三维图形的边和角度。

制作视图

三视图是在二维平面内精确表示三维物体的方法。俯视图显示了从物体正上方看到的形状图，而侧视图和正视图则分别显示了从物体左面和正面看到的形状图。另一种在二维平面内表示三维图形的方法是用展开图（见第50页），展开图可以显示三维图形的所有面，以及它们是如何折叠成立体图形的。

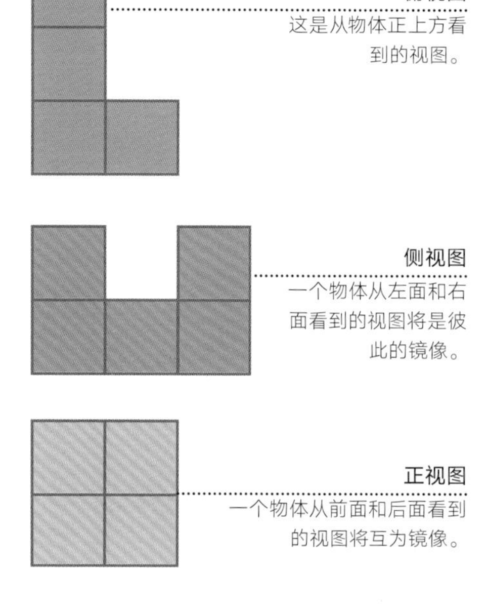

俯视图
这是从物体正上方看到的视图。

侧视图
一个物体从左面和右面看到的视图将是彼此的镜像。

正视图
一个物体从前面和后面看到的视图将互为镜像。

对称轴

当一个二维图形可以被一条直线分成两个相同的部分时，它就具有反射对称性。

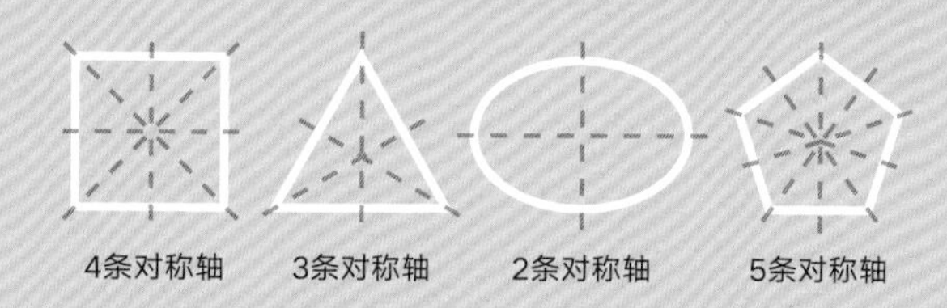

多个副本

对称是物体的一种属性，它意味着一些物体即使在变换后看起来也是一样的。旋转对称是指一个图形或物体可以绕其中心旋转，并与该图形的原始轮廓重合不止一次。图形与原始轮廓重合的次数称为阶次。例如，一个正方形的旋转对称阶次为4。当一个图形或物体可以被分成相同的部分时，它就具有反射对称性。

长方体对称

和旋转对称一样，3D物体可能关于一个平面反射对称，而不是关于一条直线反射对称。

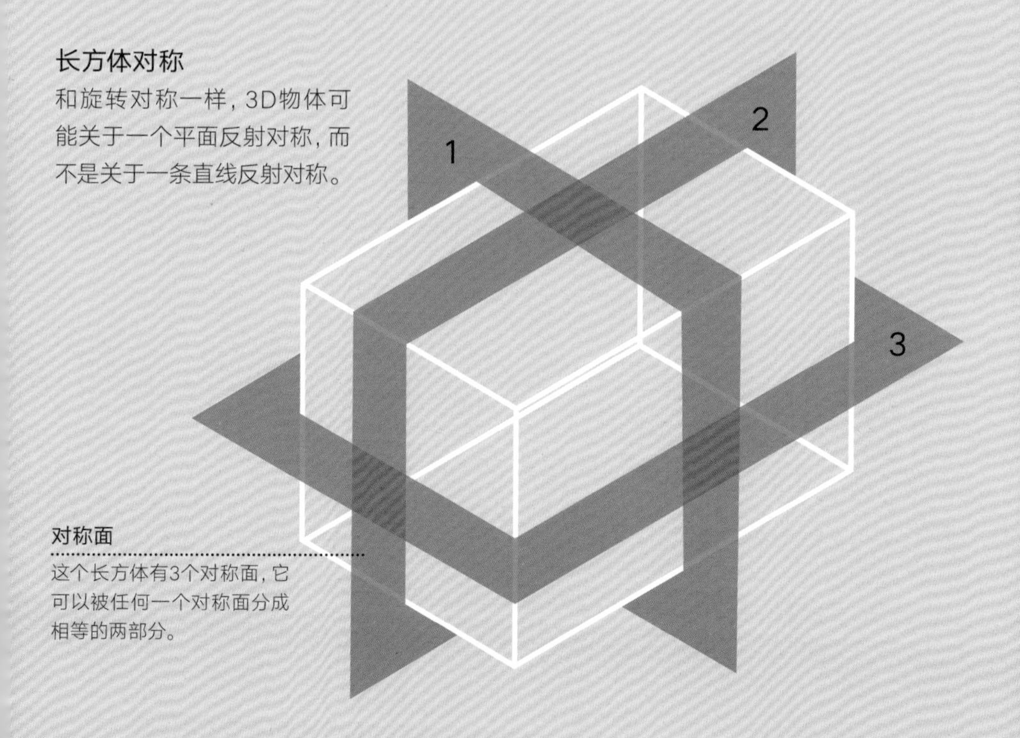

对称面

这个长方体有3个对称面，它可以被任何一个对称面分成相等的两部分。

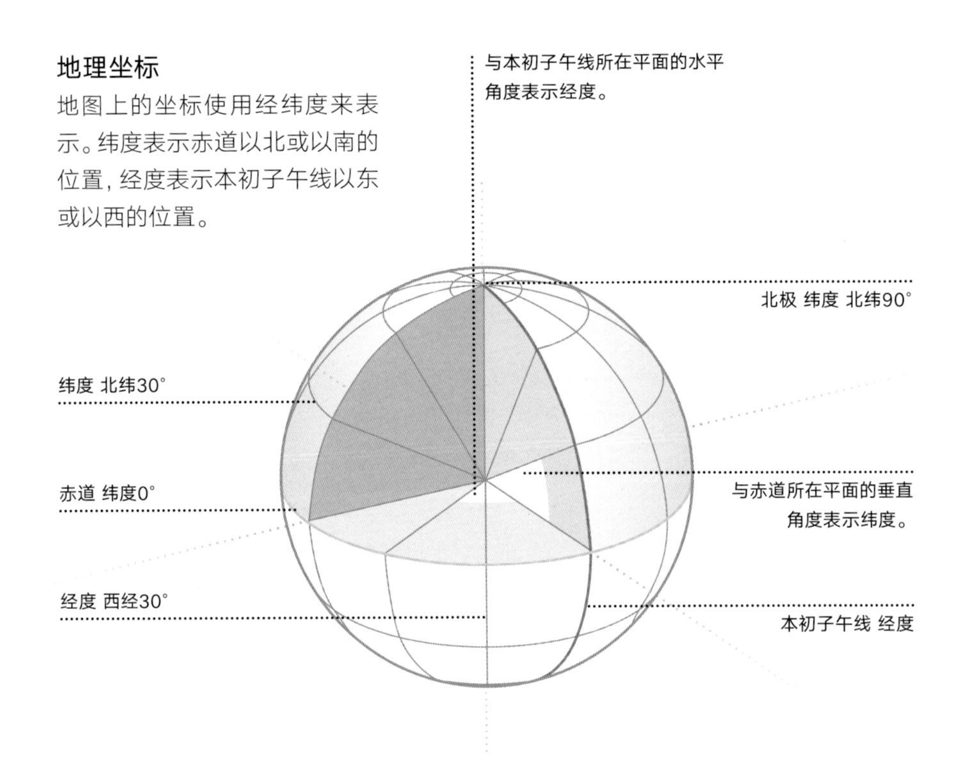

地理坐标

地图上的坐标使用经纬度来表示。纬度表示赤道以北或以南的位置，经度表示本初子午线以东或以西的位置。

坐标几何也叫笛卡儿几何，以它的发明者法国哲学家勒内·笛卡儿的名字命名。它使用两条互相垂直的直线作为坐标轴。两条坐标轴的交点称为原点。每一个点都有唯一的坐标，坐标标示了这个点到坐标轴的距离。坐标几何使得点、直线和曲线可以用代数（见第64~77页）来描述，并使用代数方法来研究它们。坐标几何也可以使代数可视化。例如，满足方程$x^2+y^2=1$的每一个点到原点的距离为1个单位，它表示一个圆。

绘制点

三维笛卡儿网格

在平面内，一个点的坐标标示了这个点与原点（坐标轴的交点）沿X轴（横轴）和Y轴（纵轴）的距离。坐标用一个有序数对来表示，并用括号括起来，两个数之间用逗号隔开。添加另一个（Z）轴意味着第三个维度也可以绘制。

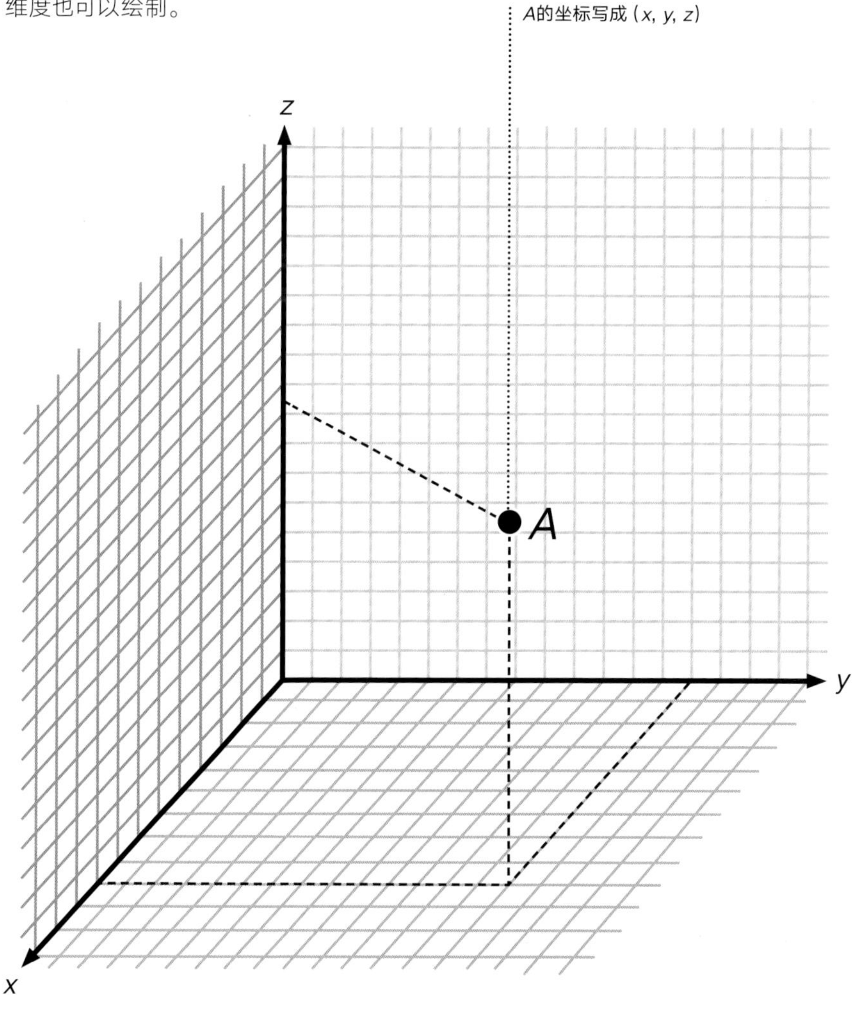

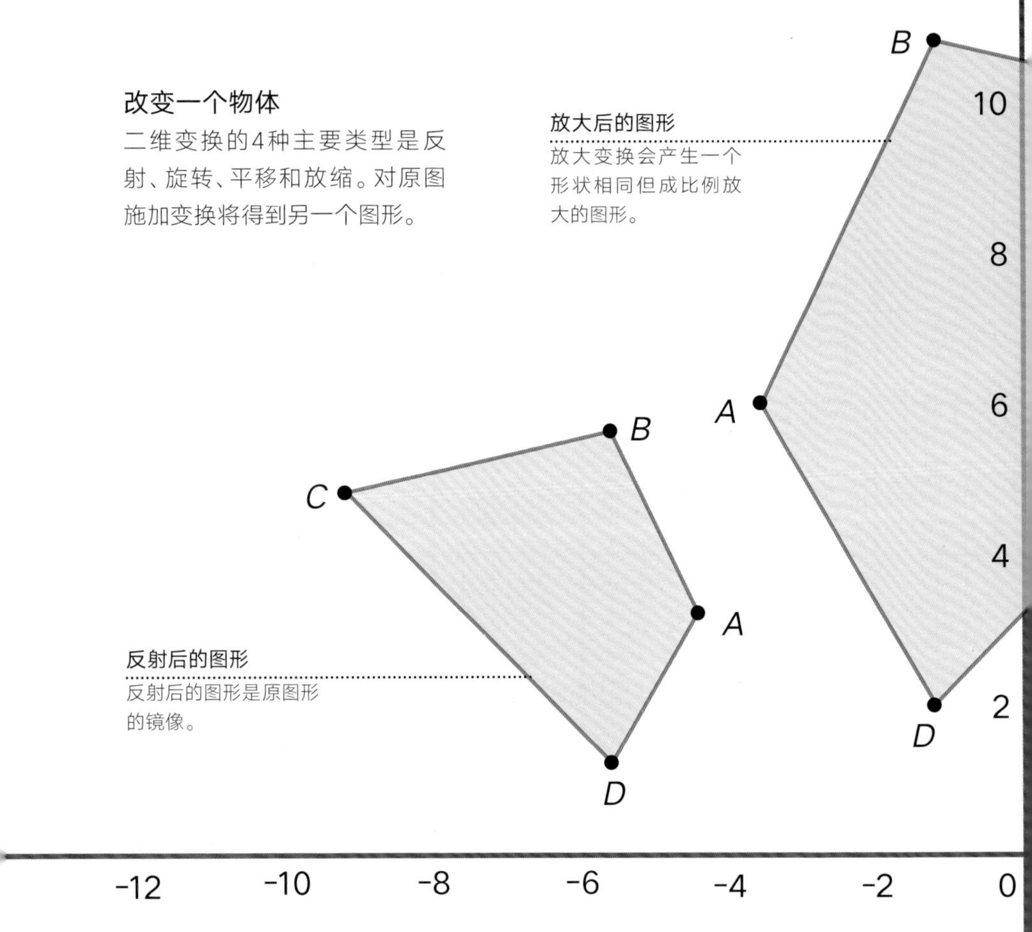

图形变换

变换就是改变的意思。在几何学中，变换意味着改变一个图形或物体，从而得到一个新的图形。变换主要有3种类型：反射、旋转和平移。这3种变换得到的图形与原来的图形全等，即不改变图形的形状和大小。还有一种变换叫放大，放大变换得到的图形与原来的图形相似，即形状相同但大小不同。图形变换在计算机绘图中有着广泛的应用。

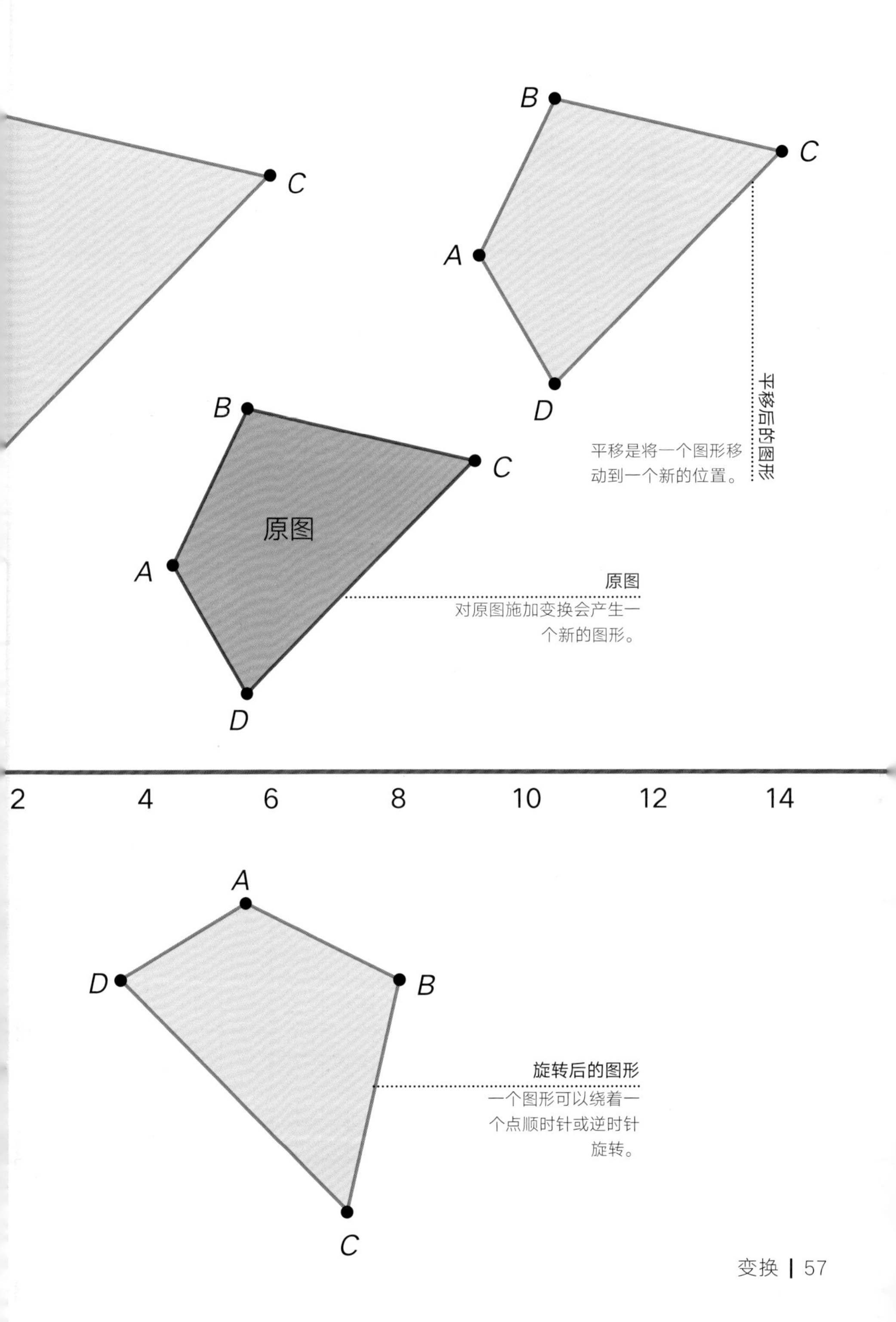
B
C
C
A
D
平移后的图形
平移是将一个图形移
动到一个新的位置。
B
C
原图
A
原图
对原图施加变换会产生一
个新的图形。
D
2
4
6
8
10
12
14
A
D
B
旋转后的图形
一个图形可以绕着一
个点顺时针或逆时针
旋转。
C

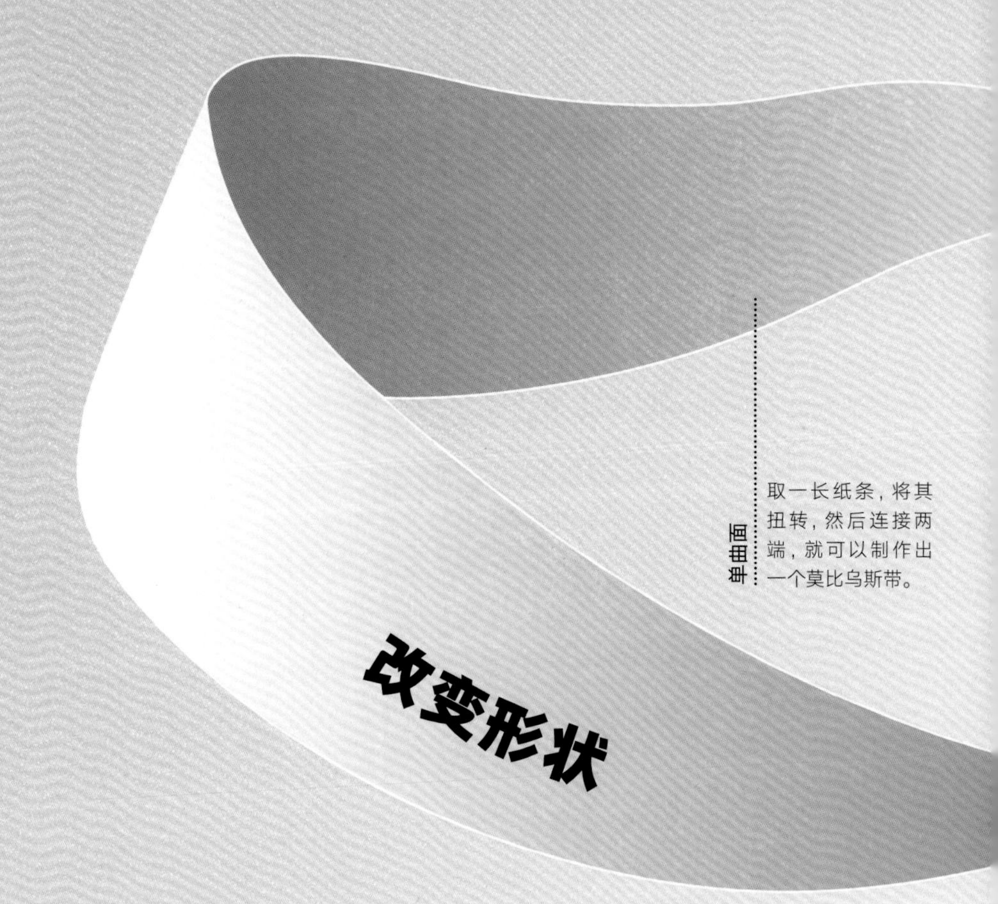

单曲面

取一长纸条，将其扭转，然后连接两端，就可以制作出一个莫比乌斯带。

改变形状

拓扑学起源于瑞士数学家莱昂哈德·欧拉对多面体的研究。拓扑学也被称为“橡皮几何学”，因为其想法是几何对象可以被想象成一块可以拉伸和弯曲，但不允许切割和黏合的橡皮。因此，这些图形被认为不需要测量长度、比例或角度。在拓扑学中，物体的相对位置很重要，而物体之间的距离和角度并不重要。

相似的形状

一个马克杯和一个甜甜圈（称为圆环）是等价的，因为其中一个形状可以通过连续变形得到另一个。

没有洞

这个圆筒只有一个开口端，所以可以填充。同样的，从拓扑学的角度来说，一个玻璃杯和一个盘子是等价的。

形成圆环

一旦马克杯被填满，就可以塑造形状了。马克杯的把手被保留以形成圆环。

莫比乌斯带

这个几何形状是以德国数学家奥古斯特·莫比乌斯的名字命名的，它有一个不寻常的特征，即只有一个面和一条连续的边。这个图形没有通常的“里面”和“外面”之分，可以将其向任何方向拉伸或扭曲，但它始终只有一个表面。

相同的形状

无论是马克杯还是甜甜圈都不能变形成8字形，因为8有两个洞。

四维几何

19世纪，数学家赫尔曼·闵可夫斯基将时间添加到三维空间，从而得到“四维时空”，这是理解爱因斯坦狭义相对论的基础。在闵可夫斯基空间定义一个事件需要4个值——其中3个值用来表示其在三维空间中的位置，1个值用来表示该事件发生的时间。时间是一个相对量，两个人以不同的速度相对移动，时间就会以不同的速度移动。然而，光速是恒定的，这就限制了与时空中任何一点相关的未来和过去的事件。

空间和时间本身注定会消失在阴影中，只有两者的某种结合才能维持一个独立的现实。

——赫尔曼·闵可夫斯基

时空

根据闵可夫斯基的理论，3个空间轴，加上1个时间轴，所有事件都发生在光锥内。

未发生的事

未来发生的事件被限制在这个光锥内。

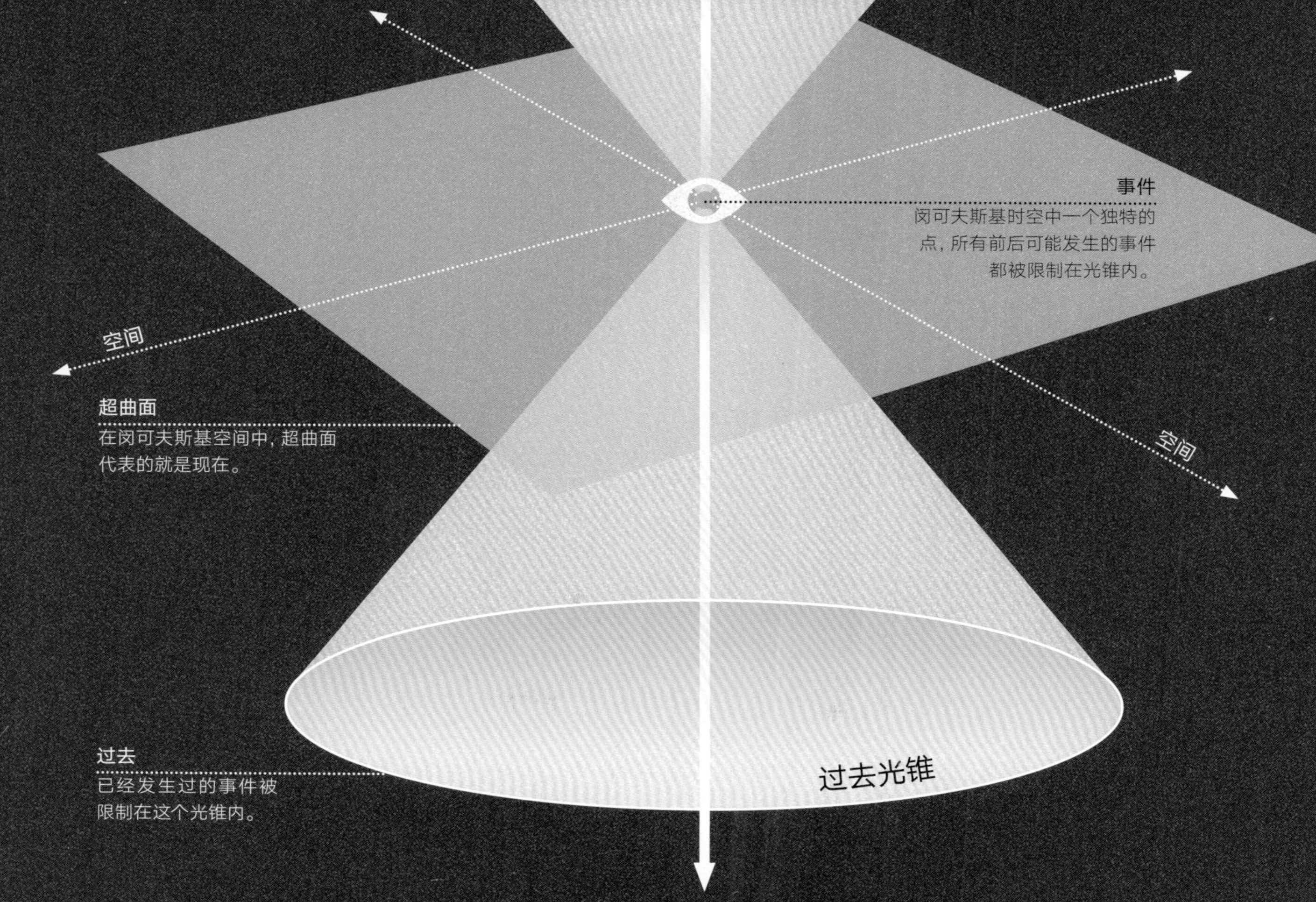
事件
闵可夫斯基时空中一个独特的点，所有前后可能发生的事件都被限制在光锥内。
空间
超曲面
在闵可夫斯基空间中，超曲面代表的就是现在。
空间
过去
已经发生过的事件被限制在这个光锥内。
过去光锥

放大

自然界的许多事物都表现出了自相似性（由较小的、相似的形状组成）。一棵树的树干上长有很多树枝，这些树枝上又长有更小的树枝，更小的树枝上又继续长有细枝。分形表现出一种理想化的自相似形式：将分形形状放大后会显示出与分形形状相同的更小的副本。一个分形可以用简单的数学方法创造出来，但它的形状却复杂得惊人。这意味着分形可以用来模拟和研究自然界中的物体，比如山脉、海岸线和树。

无止境的迭代

这个形状叫作“科赫雪花”，在最终的极限中，它拥有无限的周长，但面积却有限（见第104页）。

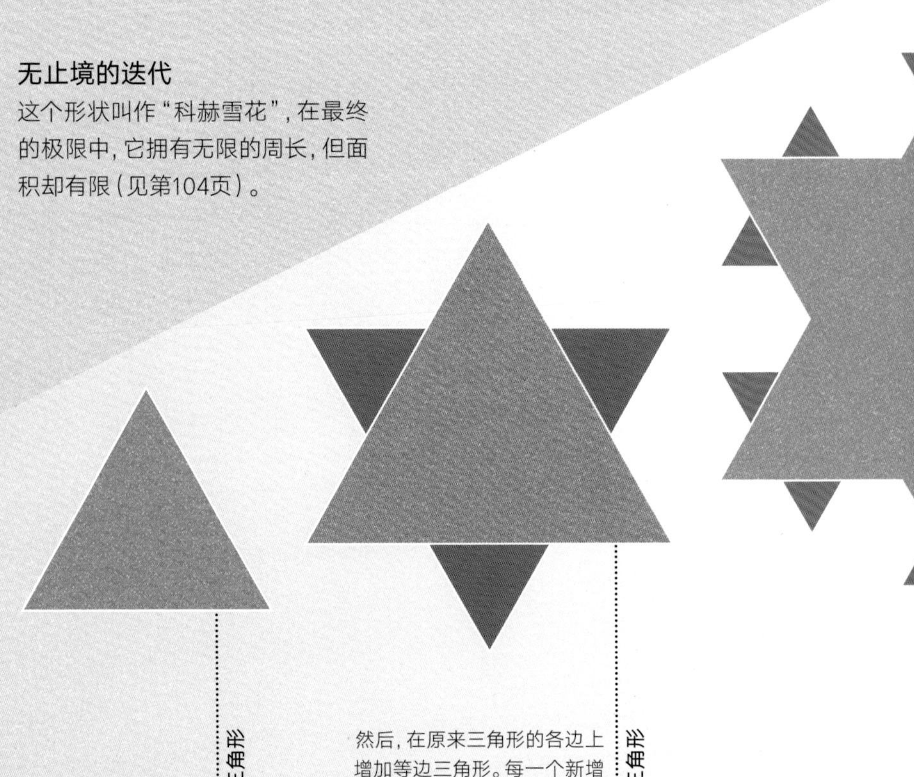

一个三角形

为了创造科赫雪花，画一个等边三角形。

增加三角形

然后，在原来三角形的各边上增加等边三角形。每一个新增三角形的边长都是原来三角形边长的1/3。

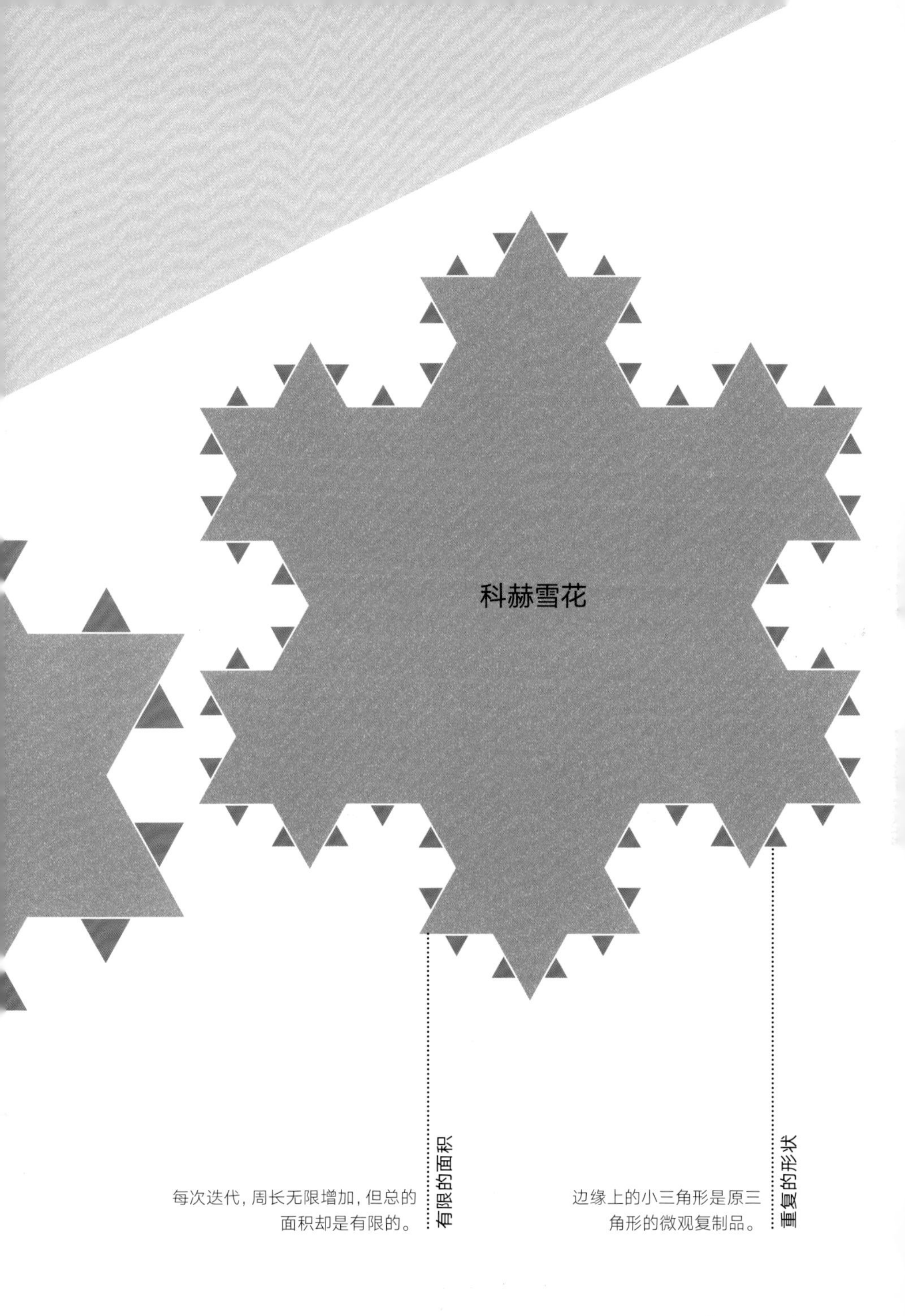
科赫雪花
有限的面积
每次迭代，周长无限增加，但总的面积却是有限的。
重复的形状
边缘上的小三角形是原三角形的微观复制品。

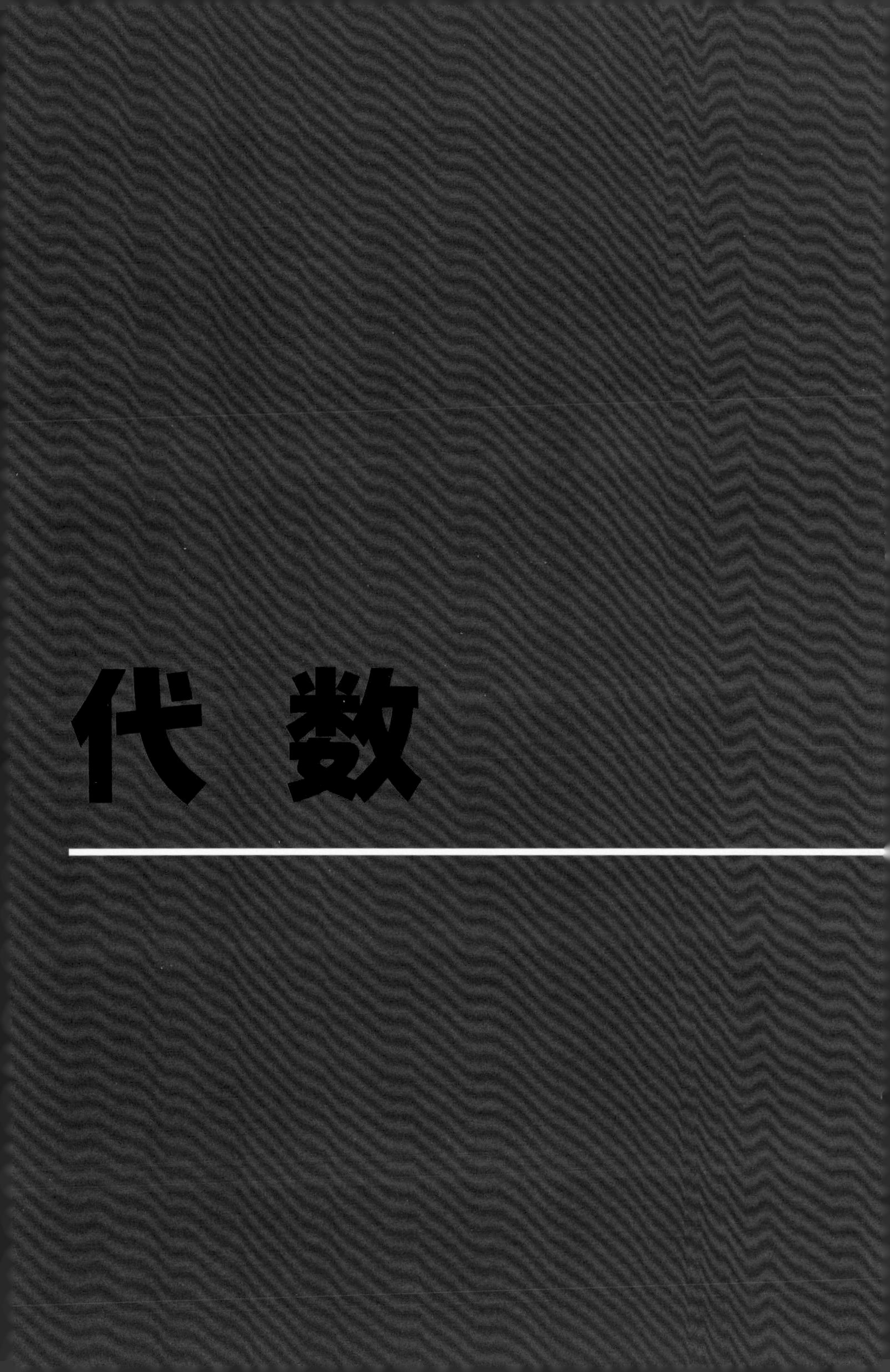

代　数

“代数”一词源于阿拉伯语“al-jabr”，意为“完成”或“还原”。这是一种简单而巧妙地表示方程中未知数（字母或符号）的方法。它既可以用来求解方程，也可以用来定义两个或多个变量之间的关系。代数式有很多实际应用，尤其是在金融、科学和工程学领域。创建变量之间关系的代数描述使得理论可以被检验和修改。

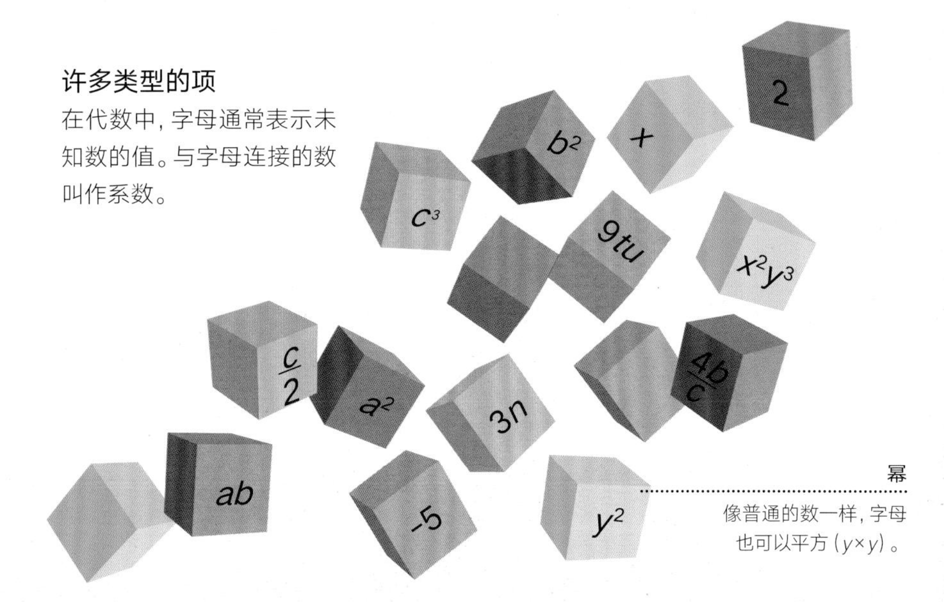

许多类型的项

在代数中，字母通常表示未知数的值。与字母连接的数叫作系数。

幂

像普通的数一样，字母也可以平方（$y \times y$）。

建立方块

代数是数学的语言。与其他语言一样，它也有类似单词、短语和规则一样的东西。项就像单词，表达式就像短语，规则控制着它们如何相互作用。每一个代数式的项既可以是一个数，也可以是一个变量（表示未知数的值的字母），还可以是它们的结合。例如，$6x$表示变量x的6倍。当用加法或减法组合项时，它们将形成如下所示的表达式。

一堆项

这个代数式由$6x$, 7, x, $2ab$, 2, y和$5ab$这些项组成。

变量相乘

在这些项中，每一部分都是相乘在一起的。换句话说，$5ab=5\times a\times b$。

$6x + 7 - x + 2ab - 2 + y - 5ab$

保持简化

化简表达式是代数中最基本的技巧之一，也是将复杂表达式简化的一种有效方法。一般通过合并（加或减）同类项来完成，例如，$6x-x$或$7-5$。分子和分母有公因式的分式，也可以通过除以公因式或公因数来化简。

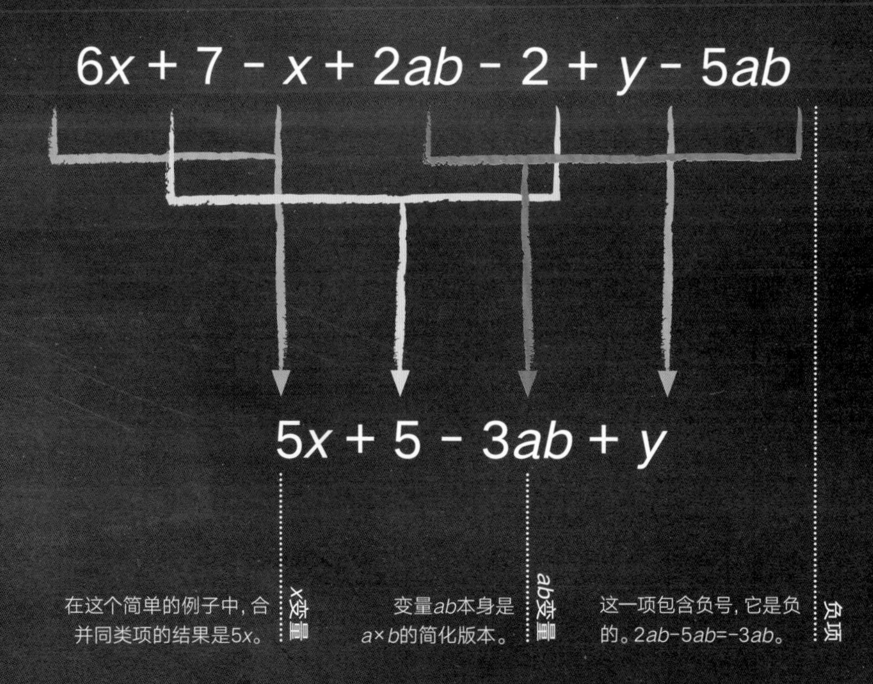

在这个简单的例子中，合并同类项的结果是$5x$。

变量ab本身是$a \times b$的简化版本。

这一项包含负号，它是负的。$2ab-5ab=-3ab$。

哪些项可以化简？

合并同类项要求它们有相同的形式。例如，$6x-x$得到$5x$，但是$6x+y$则不能化简。

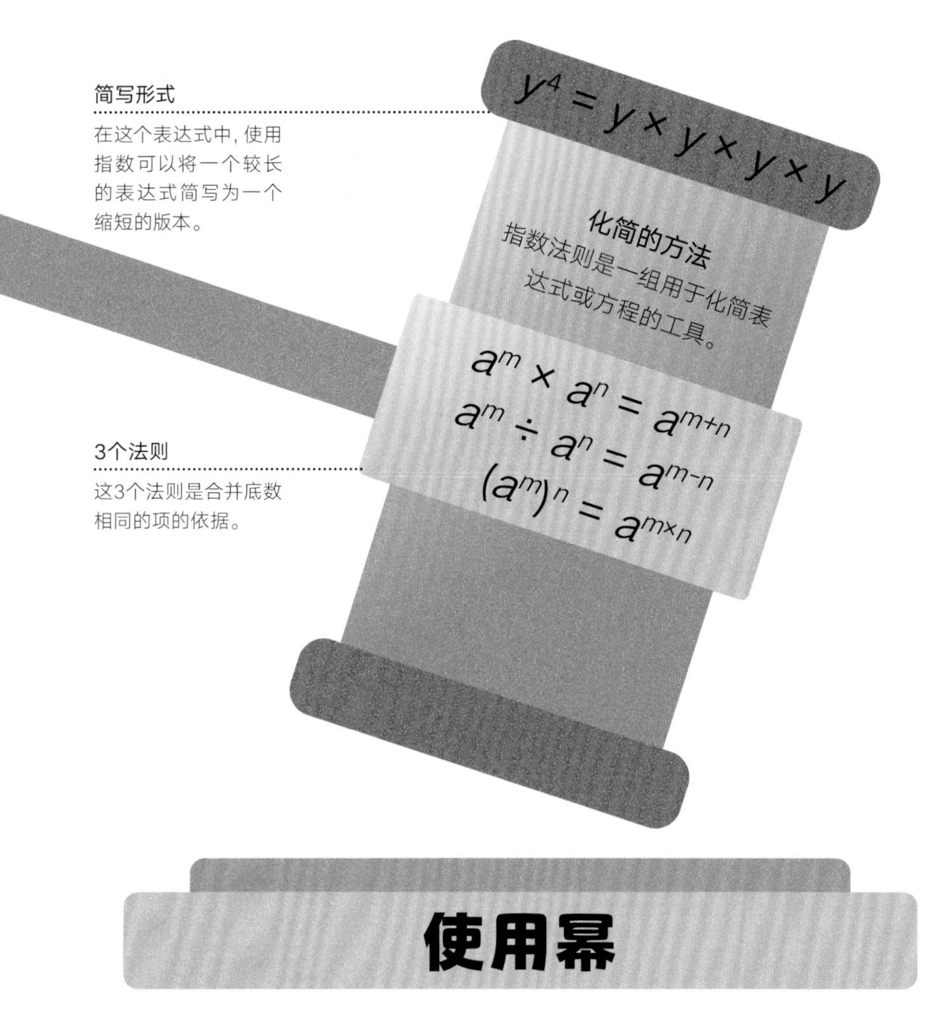

使用幂

指数是写在某一个数（或项）右上角的数，表示该数（或项）在乘法中出现的次数。指数告诉我们一个数（或项）自己乘自己的次数。与合并同类项一样，含指数的项可以与其他底数相同的项进行合并。这里有3条简单的规则用于合并底数相同的项（即同底数幂，见上）。同底数幂相乘，底数不变，指数相加；同底数幂相除，底数不变，指数相减；幂的乘方，底数不变，指数相乘。

改变表达式的形式

在表达式中展开（去）括号是代数中非常重要的一项技能。与之相反的过程，即创建括号，被称为因式分解。这个过程的困难程度取决于表达式的复杂程度。下面所给的例子比较简单，但是如果一个表达式中有两个括号就比较棘手。以（x+3）（x+4）为例，为了展开括号，需要用第一个括号里的每一项去乘以第二个括号里的每一项，从而得到 $x^2+7x+12$。

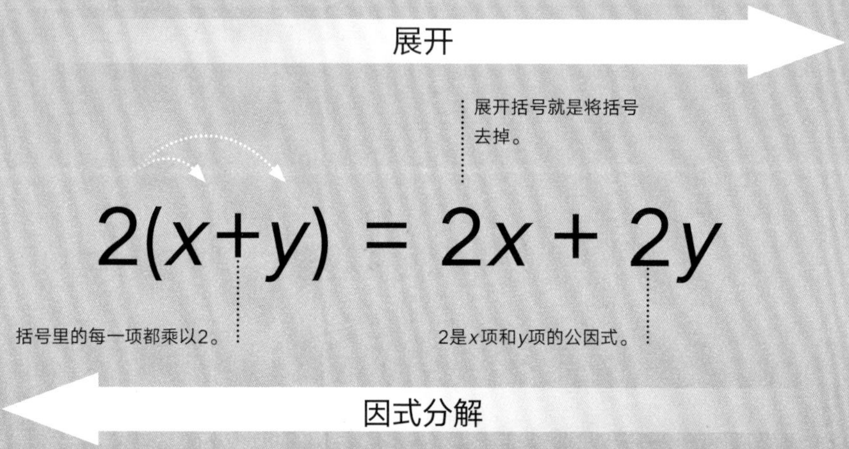

展开

展开括号就是将括号去掉。

$$2(x+y) = 2x + 2y$$

括号里的每一项都乘以2。

2是x项和y项的公因式。

因式分解

改变表达式

为了展开括号，需要用括号里的每一项去乘以括号外的项。为了分解因式，则要找出项$2x$和$2y$的最大公因数（2），然后将它提出来，把剩下的式子放到括号中。

定义关系

公式可以描述两个或更多变量之间的关系。为了计算未知数的值，只需将已知数的值代入公式即可。例如，使用下面的公式可以将摄氏度（°C）转换成华氏度（°F）。公式在数学的各个领域中都很重要，可用于计算许多不同的东西，包括物体移动的速度、三角形的大小和不同几何体的体积（见第106~107页）

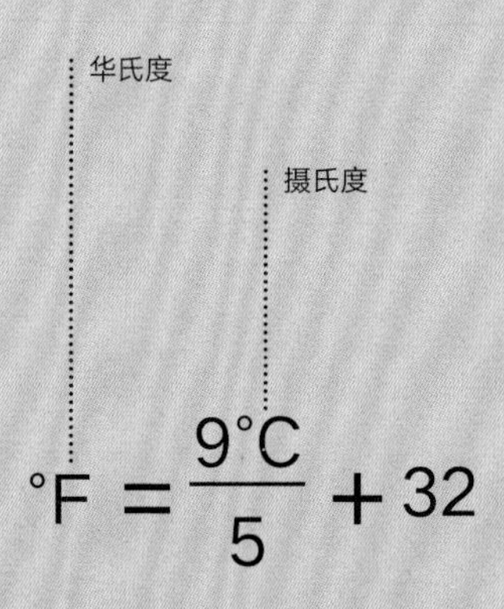

$$°F = \frac{9°C}{5} + 32$$

转换温度

假设要将25°C转换成华氏度（°F）。根据公式，用25乘9得225，再除以5得45，然后加32，结果是77°F。

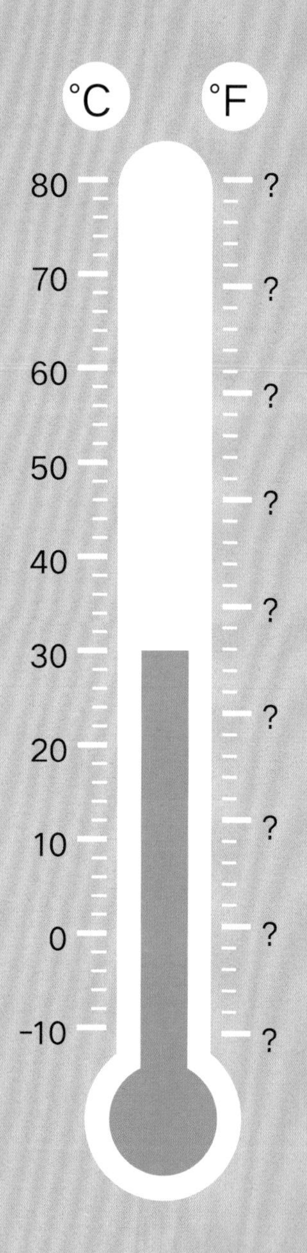

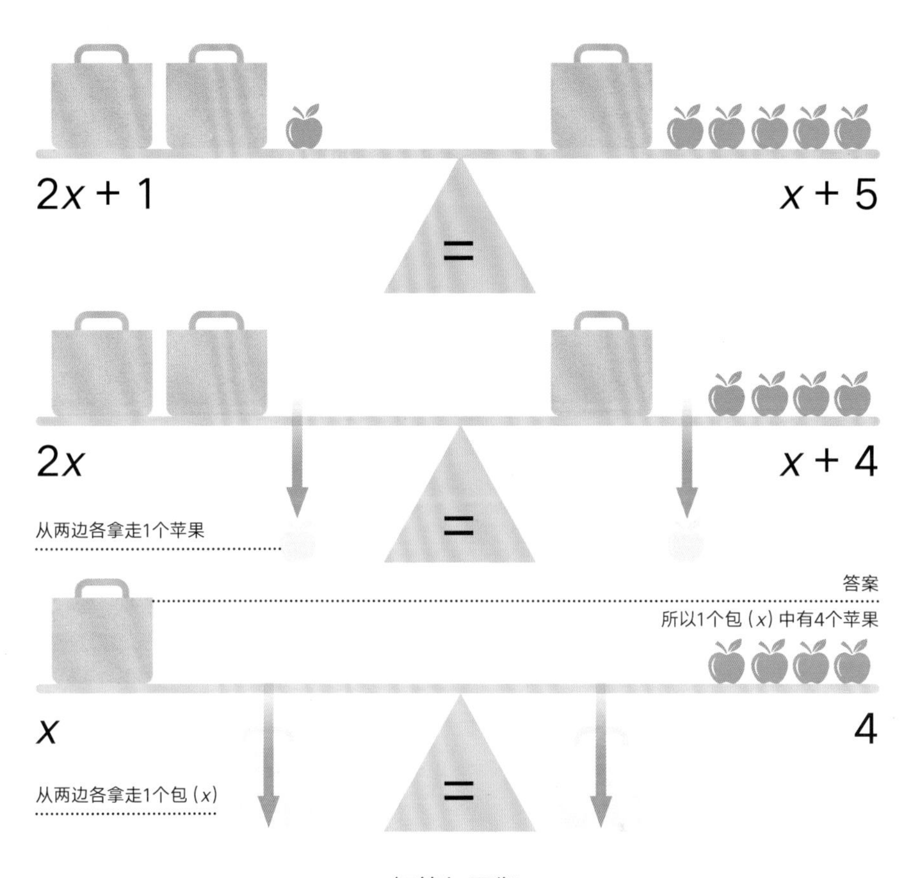

相等与平衡
当我们在方程的两边减去相同的量时，方程仍然保持平衡，从而我们就可以计算出一个包（x）中有多少个苹果。

平衡法

方程有两个被等号分隔开的表达式。最简单的方程是线性方程，它包含一个变量和一些数字。举一个简单的例子，例如$x+3=5$，我们可以轻易求出x的值。对于一些复杂的方程，可以使用平衡法，这是一种通过在方程的两边加、减、乘或除以相同量以求x值的方法。

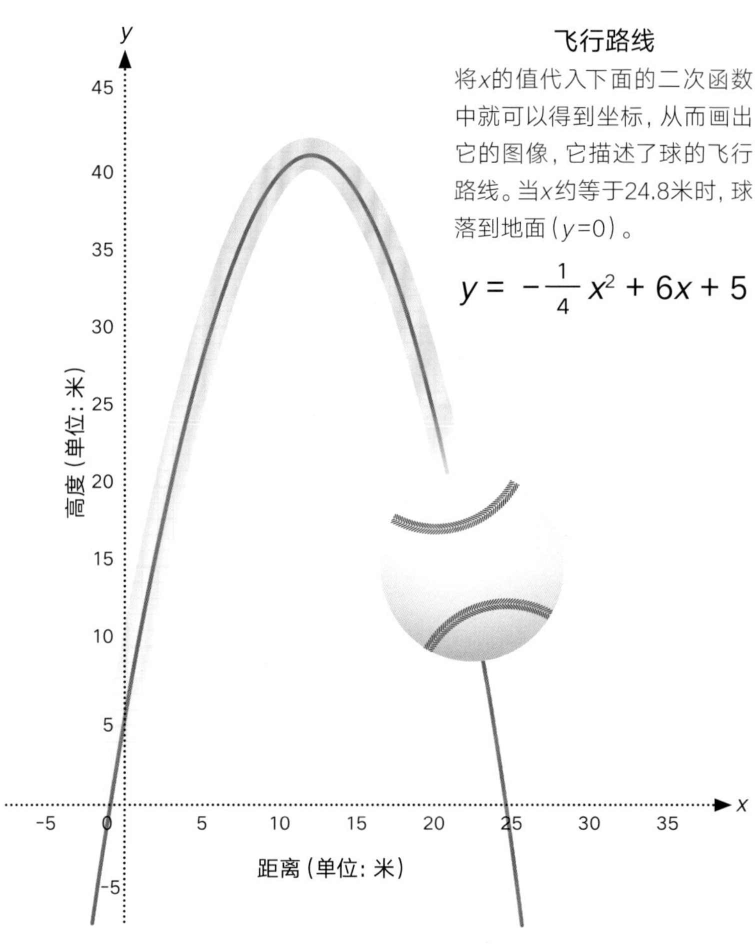

什么是二次方程

像球或火箭这种抛射体的运动轨迹可以用二次函数来描述（见第80~81页），二次函数的一般形式为$y=ax^2+bx+c$。它的最高次项为二次。为了计算抛射体在哪里落地，令y的值为0，得到$ax^2+bx+c=0$。这样就转化为解方程的问题。一个简单的求解二次方程的方法是画出这个方程的图像，如上图所示。

用代入法求解

只含有一个未知数的方程（比如$y+3=5$）很容易求解。含有两个未知数的方程（比如$x+2y=10$）则需要使用第二个方程才能求解。含有相同未知数的两个方程叫作方程组。为了求x和y的值，需要将两个方程联立起来，并用代入消元法（简称“代入法”）求解。代入法需要将其中一个方程变形，使其主元（左边）只包含一个单独的变量，然后再将其代入第二个方程。

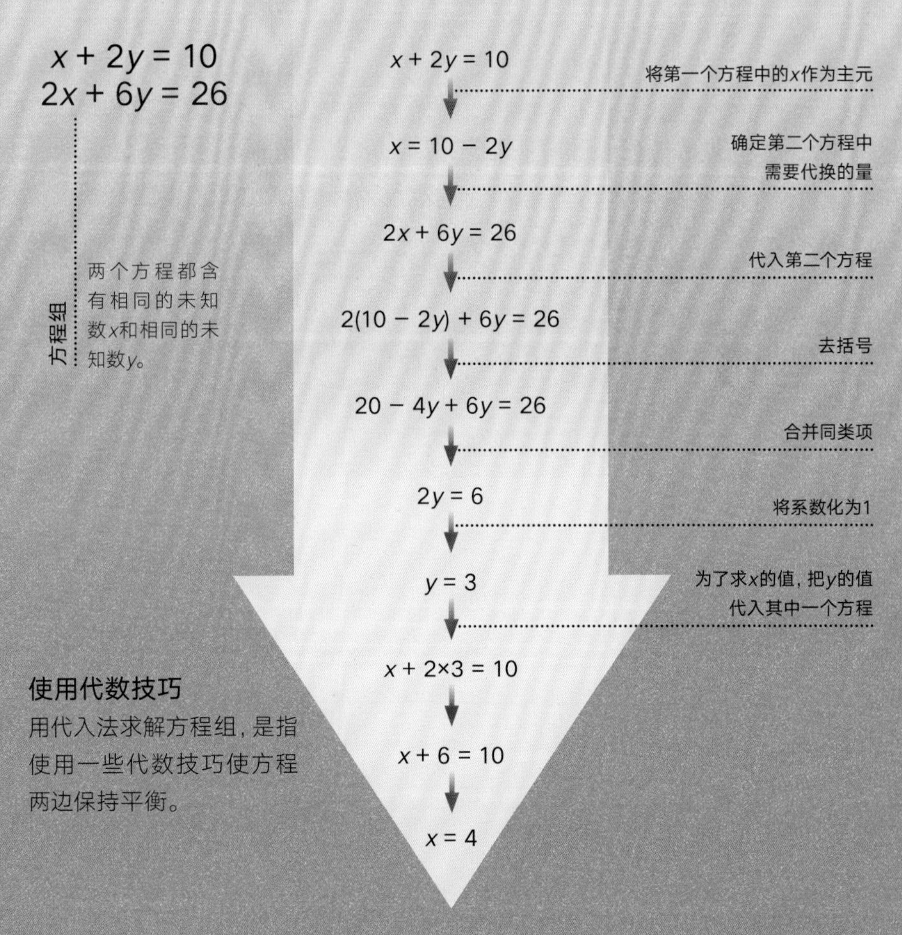

使用代数技巧

用代入法求解方程组，是指使用一些代数技巧使方程两边保持平衡。

不是所有的等式都相等

在一个等式中，等号表示两边相等。当两边不相等时，就变成了不等式，而不是等式。一个不等式可以是事实的陈述，例如3<5。但是，在一个包含变量（比如x）的不等式中，它则表示x可能的取值范围。有5种符号用来表示不同类型的不等式（如下所示）。

$x \neq y$	$x > y$	$x \geqslant y$	$x < y$	$x \leqslant y$
不等于	大于	大于或等于	小于	小于或等于

数轴

我们可以借助数轴来表示不等式，它使变量的取值范围变得可视化。

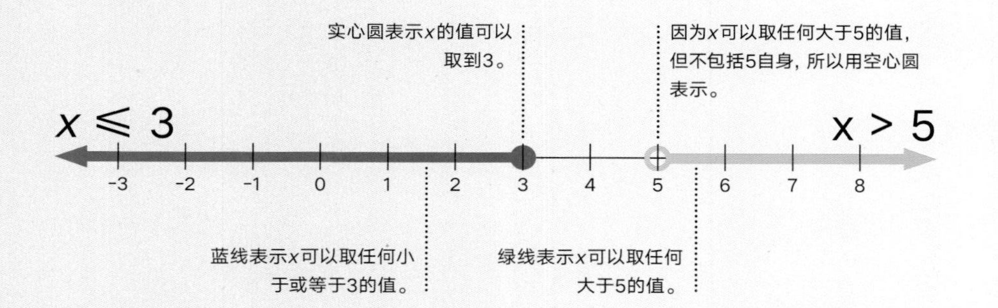

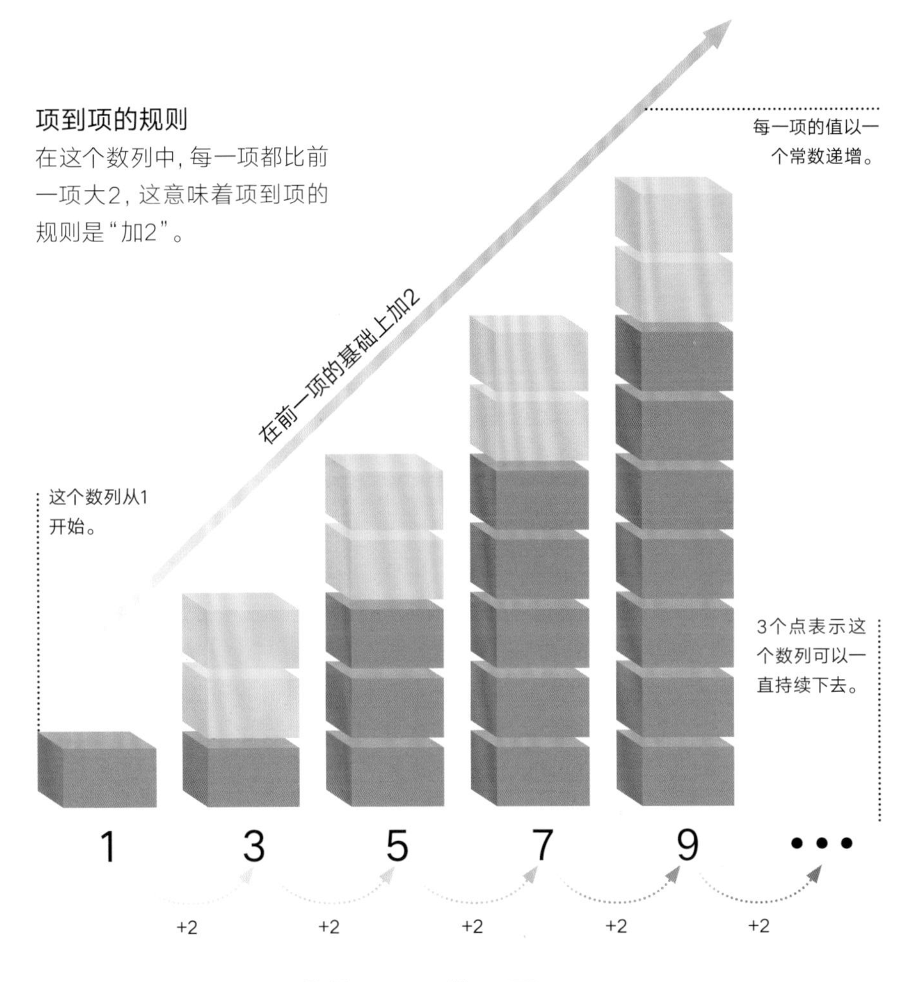

接下来是?

数列是一组遵循特定规则的数。我们可以通过确定项到项的规则来描述一个数列，通过规则能够确定数列中的下一项。在等差数列中，我们可以通过每次加上或减去相同的数得到下一项。在等比数列中，则是每次乘或除以相同的数。

55

斐波那契还将阿拉伯数字（1，2，3，…）介绍到欧洲，从而取代了罗马数字。

接近黄金比例

用斐波那契数列中的数除以它的前一个数会得到一个比值。随着这个数列的不断增长，这个比值会越来越接近黄金比例（见第96~97页）。

独特的数字模式

等差数列和等比数列遵循基本规则（见第75页），而其他数列的规则可能稍微复杂一些。这些数列包括平方数列、立方数列（它们的每一项分别是平方数和立方数），以及斐波那契数列（见下一页）。斐波那契数列的前两项都是1，之后的每一项都是前两项之和。它可以直观地表示成一条螺旋向外增长的线。

自然界的数列

斐波那契数列是以13世纪一位意大利数学家的名字命名的，它在自然界中随处可见。从植物和动物到指纹和飓风，到处都能看到它特有的螺旋形状。

螺旋状的种子

数一下向日葵花盘中螺旋的数量，发现总能得到斐波那契数列。

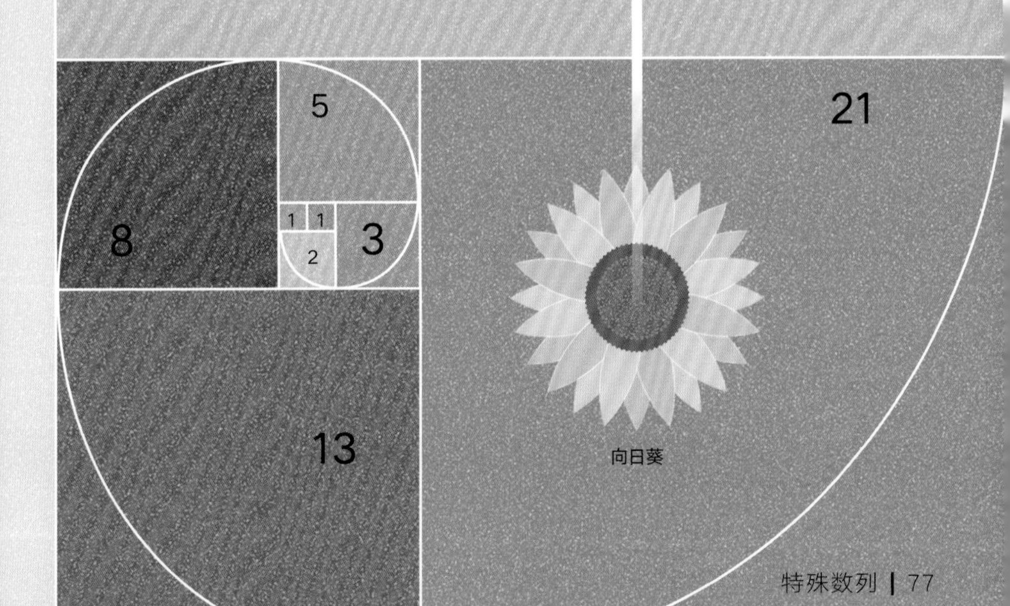

图像

图像是两个或多个事物之间关系的可视化表示。在二维平面中，它是指一个变量与另一个变量的关系。函数定义了变量之间的关系，函数图像则是由所有满足函数的点组成的。笛卡儿坐标（x和y）通常用来表示由X轴和Y轴构成的平面直角坐标系中的点，两坐标轴相交于原点（0,0）。图像可用于帮助解决现实问题，例如显示从实验中收集的信息或跟踪随时间变化产生的不同。如果需要用到3个变量，那么可以创建更复杂的3D图像。

函数机器

输入x

初始数量

6个球被放进机器，这是输入值。

$$6 + 2$$

$$f(x) = \frac{x + 2}{2}$$

初始输入值加上2。

写成代数形式，函数解释了如何得到输出：将输入值（x，这里是6）加2，得到和后再除以2。

函数根据特定的规则对输入进行处理，并创建唯一的输出。将函数可视化的有效方式是把它看作一个机器。在下面这个例子中，输入6，输出4。当将函数写成代数形式时，一般用$f(x)$表示函数（如上页图所示）。在这个例子中，虽然球的初始数量是6，但函数的作用是描述如何将任何输入进行转换。因此，输入值被写成x。

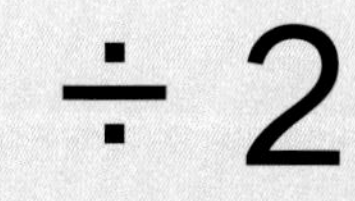

球的数量减半后得到输出值4。

输出

如何绘制线性方程

根据x和y的值列出表格。将x的值代入线性方程即可求出坐标。这里，如果x=1，根据y=2x+1可得y=2×1+1，所以y=3。

x	−3	−2	−1	0	1	2	3
y	−5	−3	−1	1	3	5	7

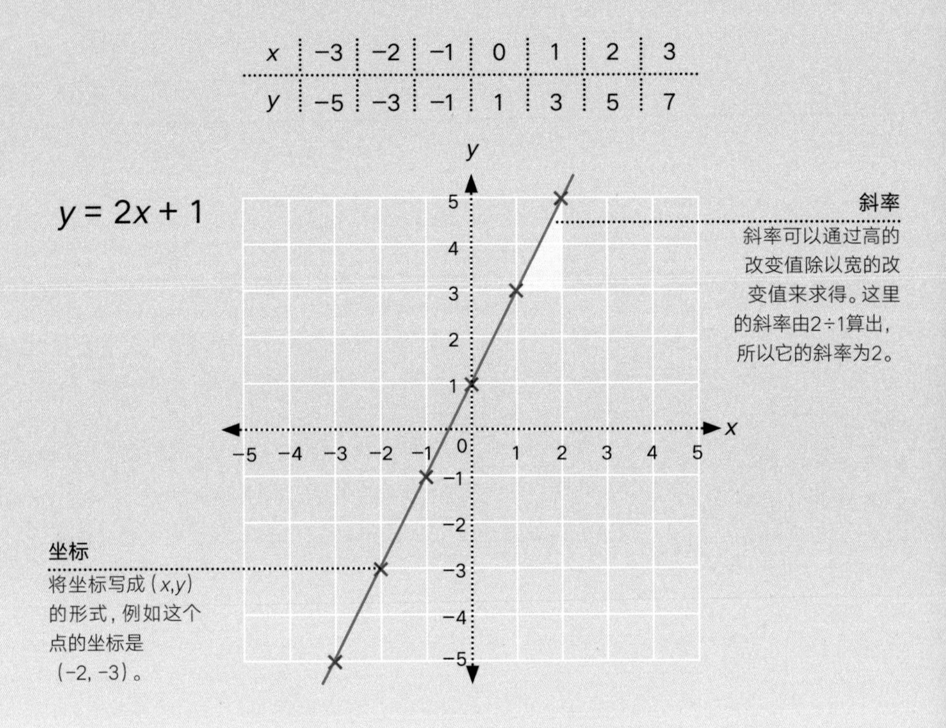

绘制线性方程

一条直线的图形也称为线性图。它可以用线性方程$y=mx+c$来描述，其中，m是直线的斜率，c是纵截距（直线与Y轴的交点）。当它在坐标网络中被绘制出来时，结果是一条直线，这条直线经过满足它的所有x和y的值。例如，y=2x+1 的斜率为2，纵截距为1。

抛物线

二次曲线图刻画了二次方程（见第72页）中x和y的关系。二次方程绘制出来的图是一条U形曲线，称为抛物线。每条抛物线都有一个顶点，这是抛物线的最低点（或最高点）和转折点。抛物线是轴对称图形，对称轴是经过顶点的一条直线。

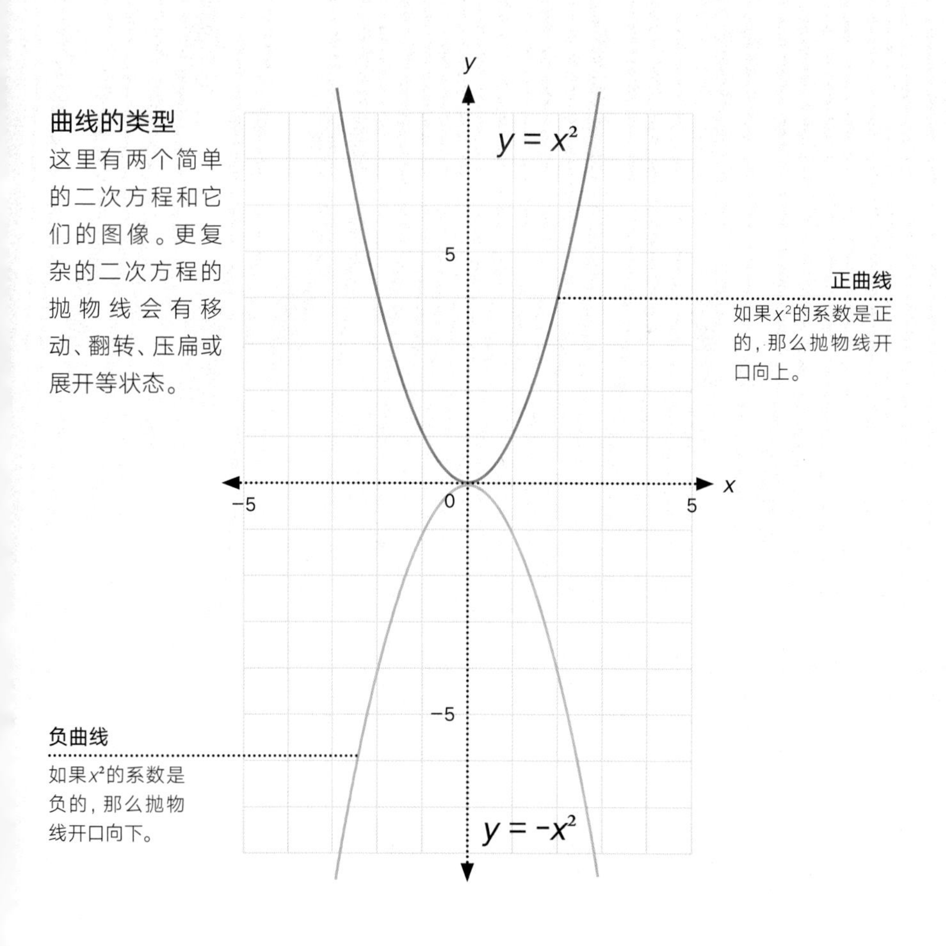

用图像表示方程

在坐标系中绘制的线上的所有点，都是生成这条线的方程的解。线性方程的图像是一条直线（见第82页），二次方程的图像是一条抛物线（见第83页）。如果在同一坐标系中绘制两个线性方程，那么由这两个方程得到的直线的交点就是这两个方程的共同解。如左图所示，是由二次方程$ax^2+bx+c=0$（见第72页）绘制出来的二次曲线图。它是一条U形线，它可以用来判断方程是有2个实数解、1个实数解，还是没有实数解。

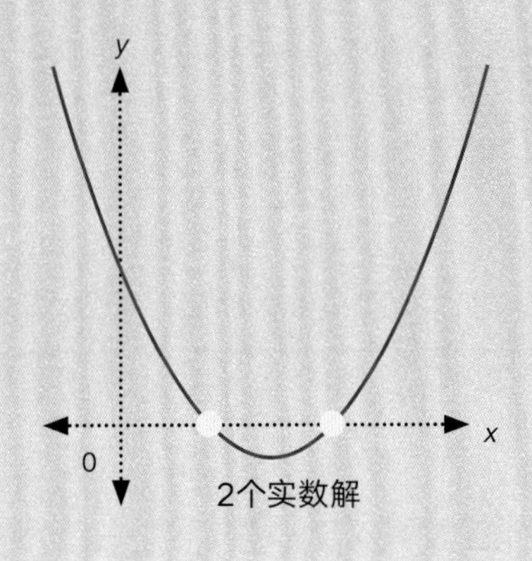

2个实数解

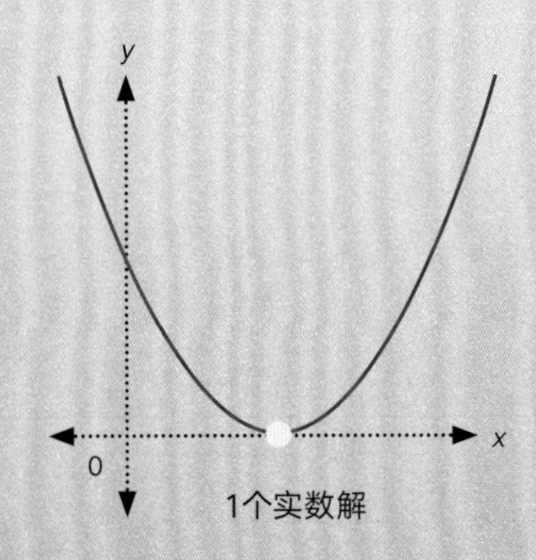

1个实数解

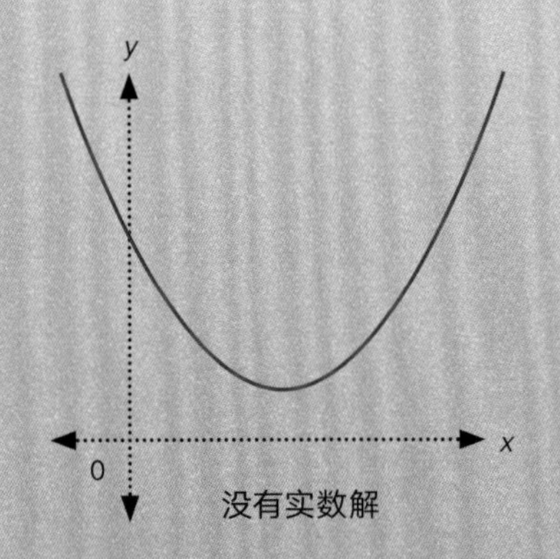

没有实数解

解的情况

二次方程的解有3种可能的情况。如果存在1个或2个实数解，那么它们就在曲线（抛物线）与X轴的交点处。

使用现实世界中的数据

在现实生活中，通过观察收集的信息通常可以利用图像来显示，比如显示两个变量之间的关系（比如湿度与气温）。一个显示现实生活中信息的图像的例子是“距离—时间”图像（如下图所示），这就需要绘制运动物体的距离与时间关系的图像。在这个例子中，是3个跑步者在比赛。由“距离—时间”图像可以确定每一个跑步者在任意点的速度。

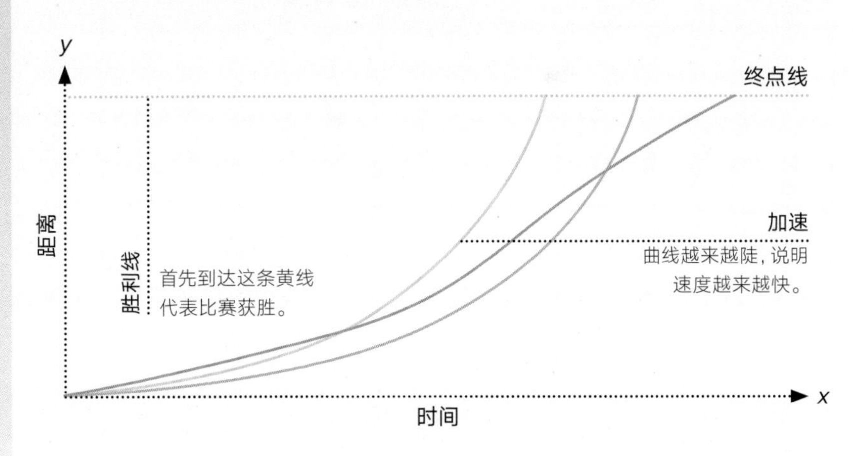

比和比例

和数学中的许多概念一样，比和比例的概念不仅与数本身有关，而且与数之间的关系有关。这些关系传递了关于世界的基本信息。比例的概念不仅影响了现实世界，也影响了美学——对和谐比例的认知影响着我们对艺术和建筑美的判断。更实际的是，财富会受到“复利”的很大影响，它会随着时间的推移导致指数增长。理解这些关系有助于为现实世界现象建模并做出预测。

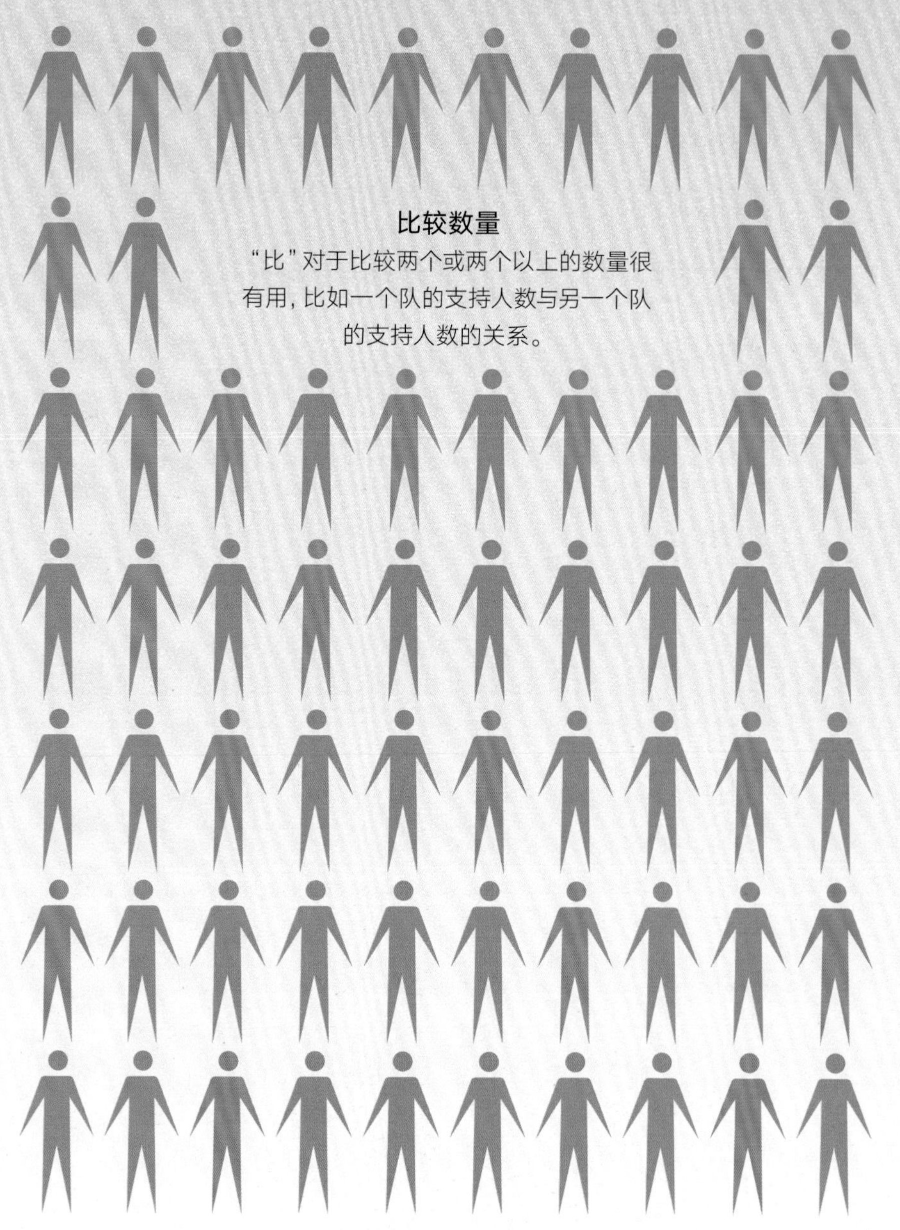

比较数量

“比”对于比较两个或两个以上的数量很有用，比如一个队的支持人数与另一个队的支持人数的关系。

比 24:40

单位换算比

利用货币汇率可以将每一单位的基准货币转换为等量的不同货币。

比 1:2

比较数量

比是比较两个或两个以上数量的一种方式。一般用*a*：*b*表示数量*a*与数量*b*的关系。当比的一边是1时，称为单位换算比。例如，如果一个水果碗里苹果的数量是橙子的两倍，那么苹果和橙子的数量的比就是2：1。和分数一样，比可以通过在比号的两边同时除以最大公约数（比号两边的数能够除以的最大的数）来化简。

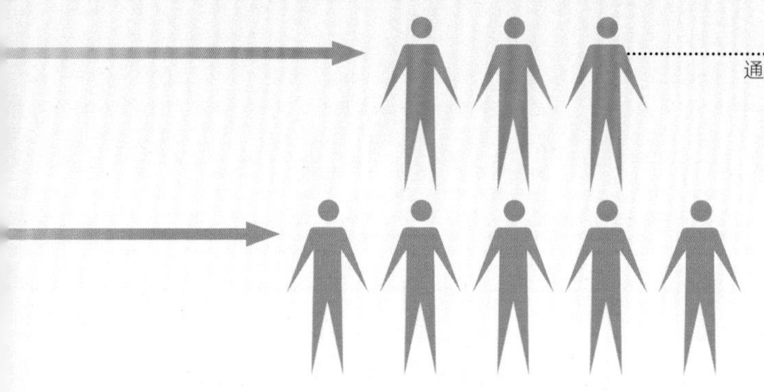

化简比

通过两边都除以8，这个比可以化成最简形式。

比 3:5

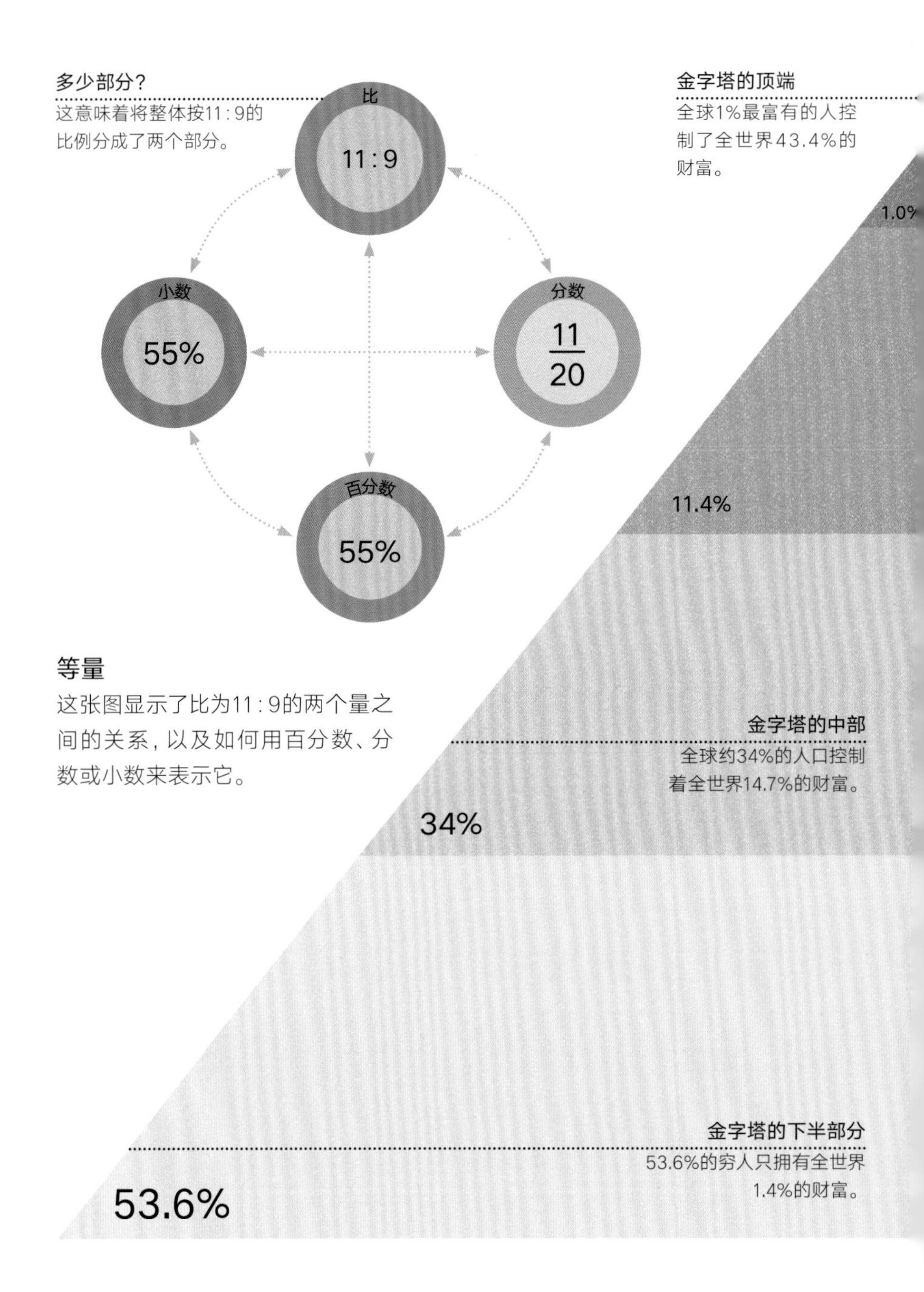

等量

这张图显示了比为11 : 9的两个量之间的关系，以及如何用百分数、分数或小数来表示它。

比较关系

比例是指事物不同部分之间的大小关系，或者部分与整体之间的大小关系。分数、小数、比和百分比都是描述比例的方式，而且它们在数学上是可以互相转换的。百分比实际上是分数的一种形式，表示100中有多少个部分。将百分比转换成小数也很容易：只要用百分比数量除以100，即可求出它在一个单位（而不是100个单位）中所占的比例。

财富金字塔

百分比使复杂的数据集能够以一种清晰的方式进行比较。这个全球财富金字塔表明，全世界的大部分财富是由比例很小的一部分人控制的。

计算变化率

百分比提供了一种清晰的方式来显示数量的变化——如增加税收时成本增加，或者由于折扣而价格下降。为了计算变化率，先算出变化量，再用其除以原始数量。增加15%意味着增加原始数量的0.15。已知变化率和变化后的总数（例如包含附加税的价格），计算原始数量，这个过程叫作反向百分比计算。

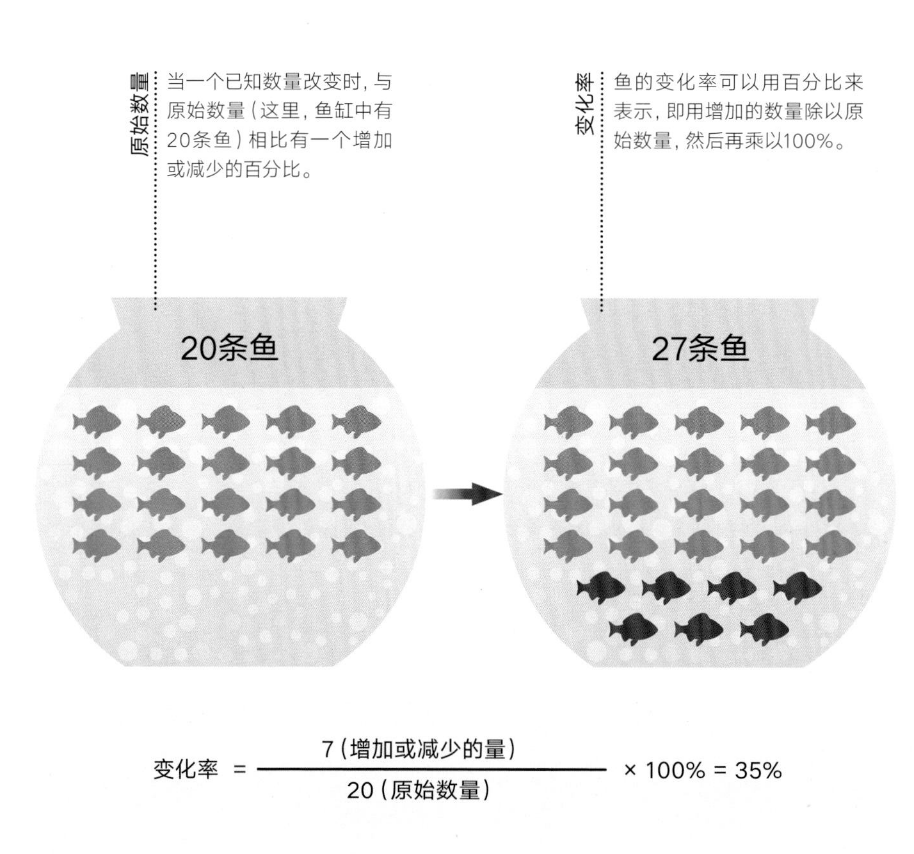

$$变化率 = \frac{7（增加或减少的量）}{20（原始数量）} \times 100\% = 35\%$$

本金

1 000元

5年后本金+利息为1 610.51元

10年后本金+利息为2 593.74元

15年后本金+利息为4 177.24元

滚雪球式的利息

这个例子显示了将1 000元的本金（初始资金）存入储蓄账户的利息，其中年利率为10%，按年复利。

复利计算

在这个公式中，A是复利t年后本金+利息的终值，r是年利率，P是初始金额。

$A = p(1 + r)^t$

随着时间增加

储蓄账户通常只支付少量的利息，而贷款的利息通常要高得多。贷款的时间越长（如果没有偿还贷款）或储蓄仍用于投资，每个月或每年所得利息就越高。这叫作复利，因为支付的利息不仅包括投资或借款的总金额，还包括随着时间推移增加的利息。

按比例变化

当事物之间成比例时——就像一个真实的村庄与该村庄的模型相比——就叫作正比例。在数学上，正比例可以用方程$y=kx$表示，其中k是x与y的比例系数。例如，对于村庄模型，k可能是10，这意味着在模型（x）中，每1个单位表示实际生活（y）中的10个单位。有时候量之间也会成反比例，即当一个量变大时，另一个量反而变小。反比例可以用方程$y=\frac{k}{x}$表示。

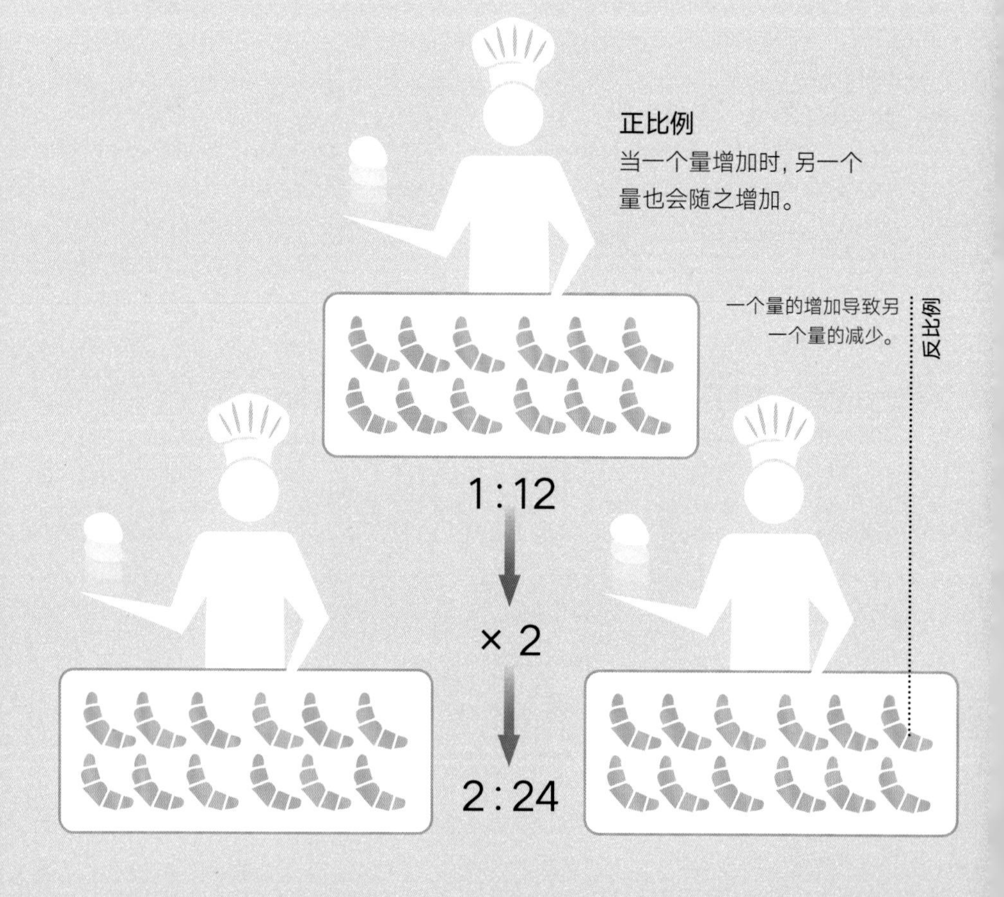

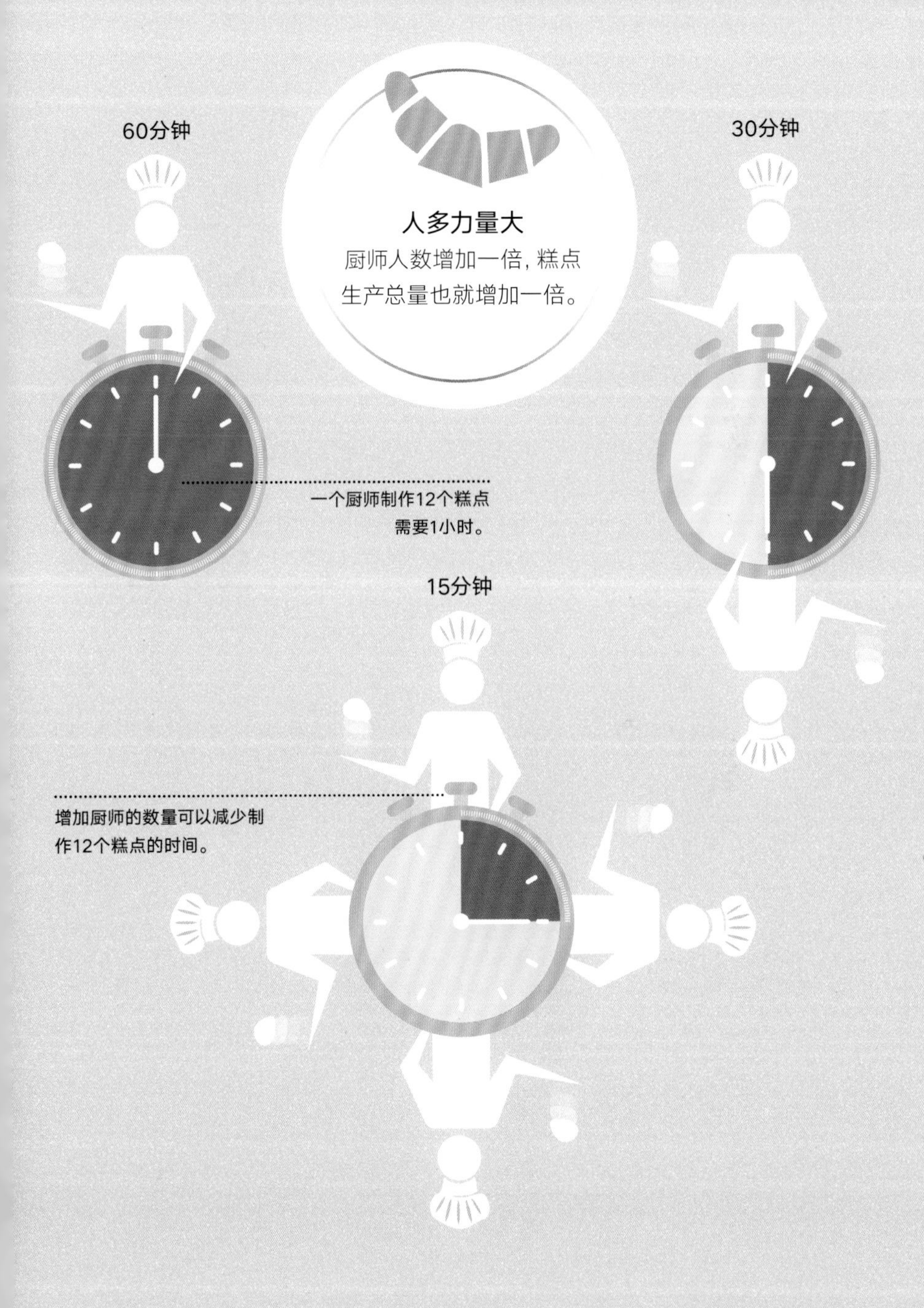
人多力量大
厨师人数增加一倍，糕点生产总量也就增加一倍。
60分钟
30分钟
15分钟
一个厨师制作12个糕点需要1小时。
增加厨师的数量可以减少制作12个糕点的时间。

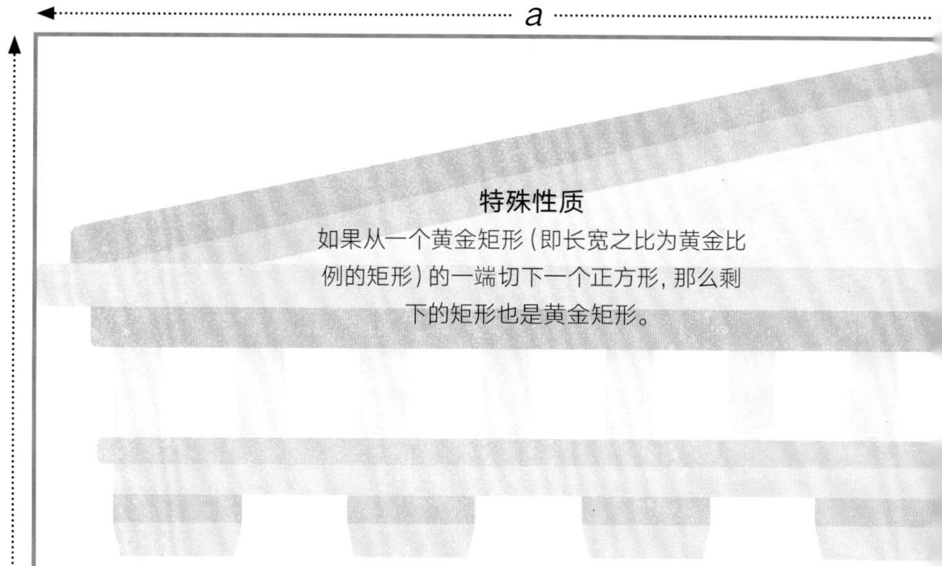

a

a

特殊性质

如果从一个黄金矩形（即长宽之比为黄金比例的矩形）的一端切下一个正方形，那么剩下的矩形也是黄金矩形。

理想的比例

古希腊数学家欧几里得在他的《几何原本》中依据线段的长度来描述黄金比例。他将线段分成两段，使整条线段的长度与较长的线段的长度之比等于较长线段的长度与较短线段的长度之比。黄金比例可以用代数的方法写成一个二次方程，它的正根约等于1.618。它的精确值（一般用希腊字母Φ表示）是一个无理数——它不能精确地表示为一个分数，即两个整数的比。黄金比例与斐波那契数列（见第77页）密切相关。

1.618033989…

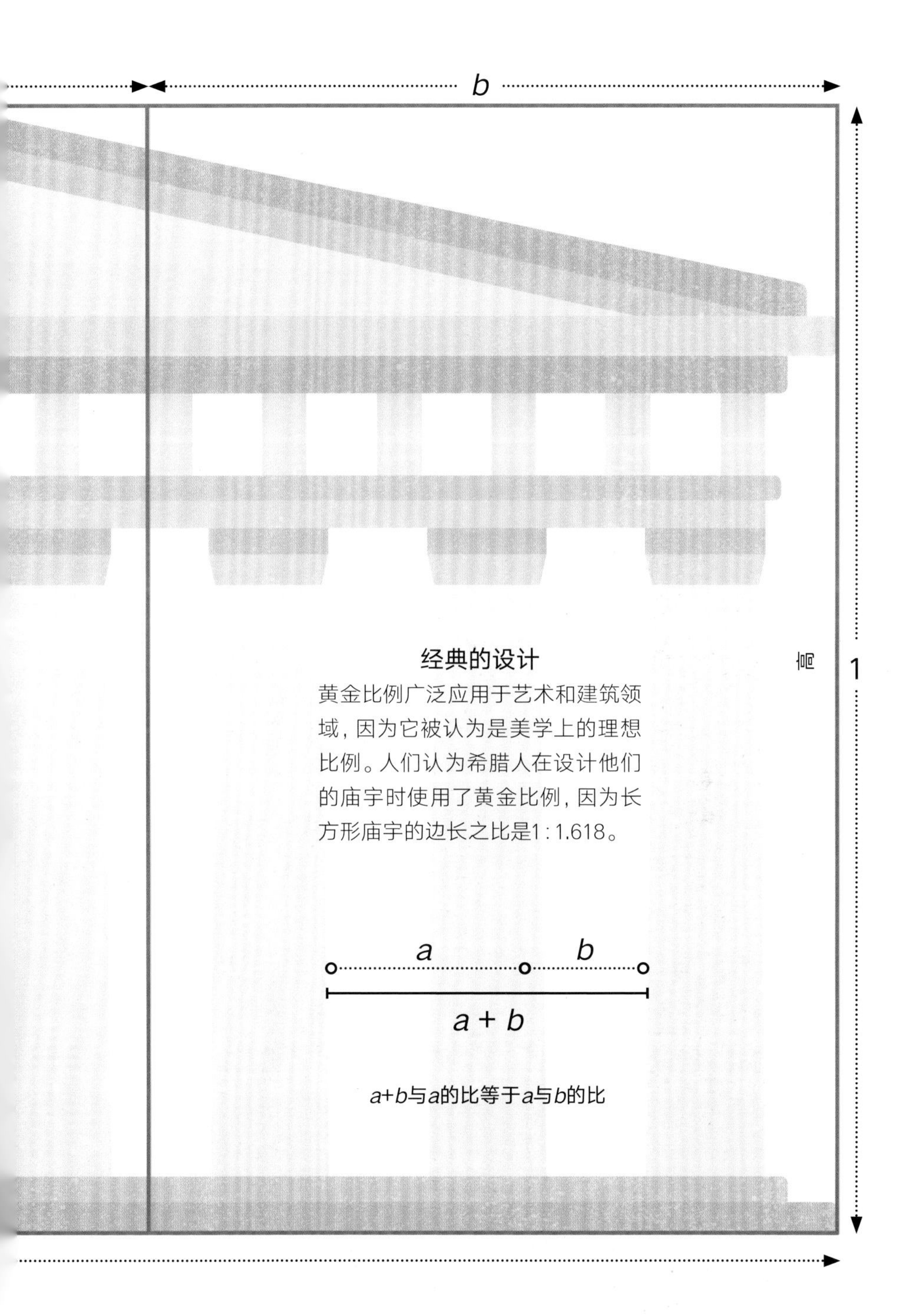

经典的设计

黄金比例广泛应用于艺术和建筑领域，因为它被认为是美学上的理想比例。人们认为希腊人在设计他们的庙宇时使用了黄金比例，因为长方形庙宇的边长之比是1 : 1.618。

a+*b*与*a*的比等于*a*与*b*的比

指数增长

“指数增长”这个词有精确的数学含义。在指数方程中，固定的底数以变量x次幂的形式增加。因此，对指数方程$y=2^x$来说，y的值始终在翻倍。因此，指数方程都有这样的性质，一开始增长很慢，过些时候迅速增长——就像我们在病毒快速传播阶段看到的那样，病例越多，病毒数量增加得越快，这就是指数增长。但无论数量是高还是低，它们翻倍所花费的时间是相同的——就像民间传说中在棋盘上移动一个方格一样。

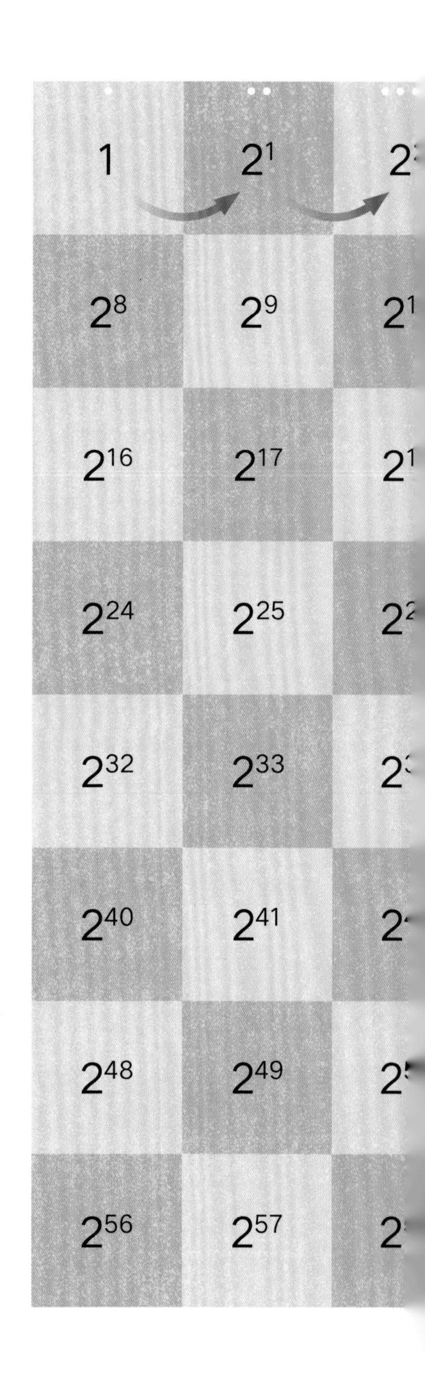

棋盘指数

在这个著名的故事中，国际象棋的发明者获得了印度皇帝的奖赏，而他选择的奖品是大米——他的要求是在棋盘的第一个方格中放一粒大米，然后在接下来的每个方格中大米的数量是前一方格中大米数量的一倍。

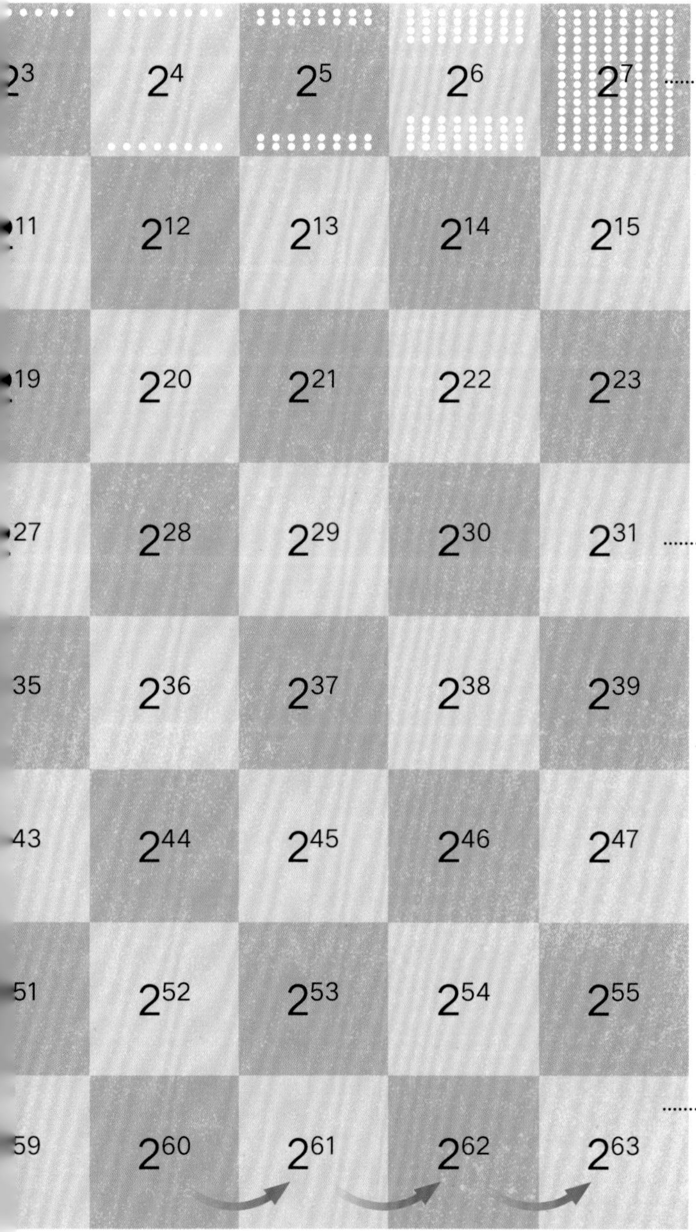

2^3	2^4	2^5	2^6	2^7
11	2^{12}	2^{13}	2^{14}	2^{15}
19	2^{20}	2^{21}	2^{22}	2^{23}
27	2^{28}	2^{29}	2^{30}	2^{31}
35	2^{36}	2^{37}	2^{38}	2^{39}
43	2^{44}	2^{45}	2^{46}	2^{47}
51	2^{52}	2^{53}	2^{54}	2^{55}
59	2^{60}	2^{61}	2^{62}	2^{63}

开始很慢

在第8个方格中有128粒大米，此时总的米粒数为255。

一半的时候

这个方格中的米粒数为2 147 483 648。

总数很大

到第64个方格时，棋盘上总的米粒数为18 446 744 073 709 551 615。

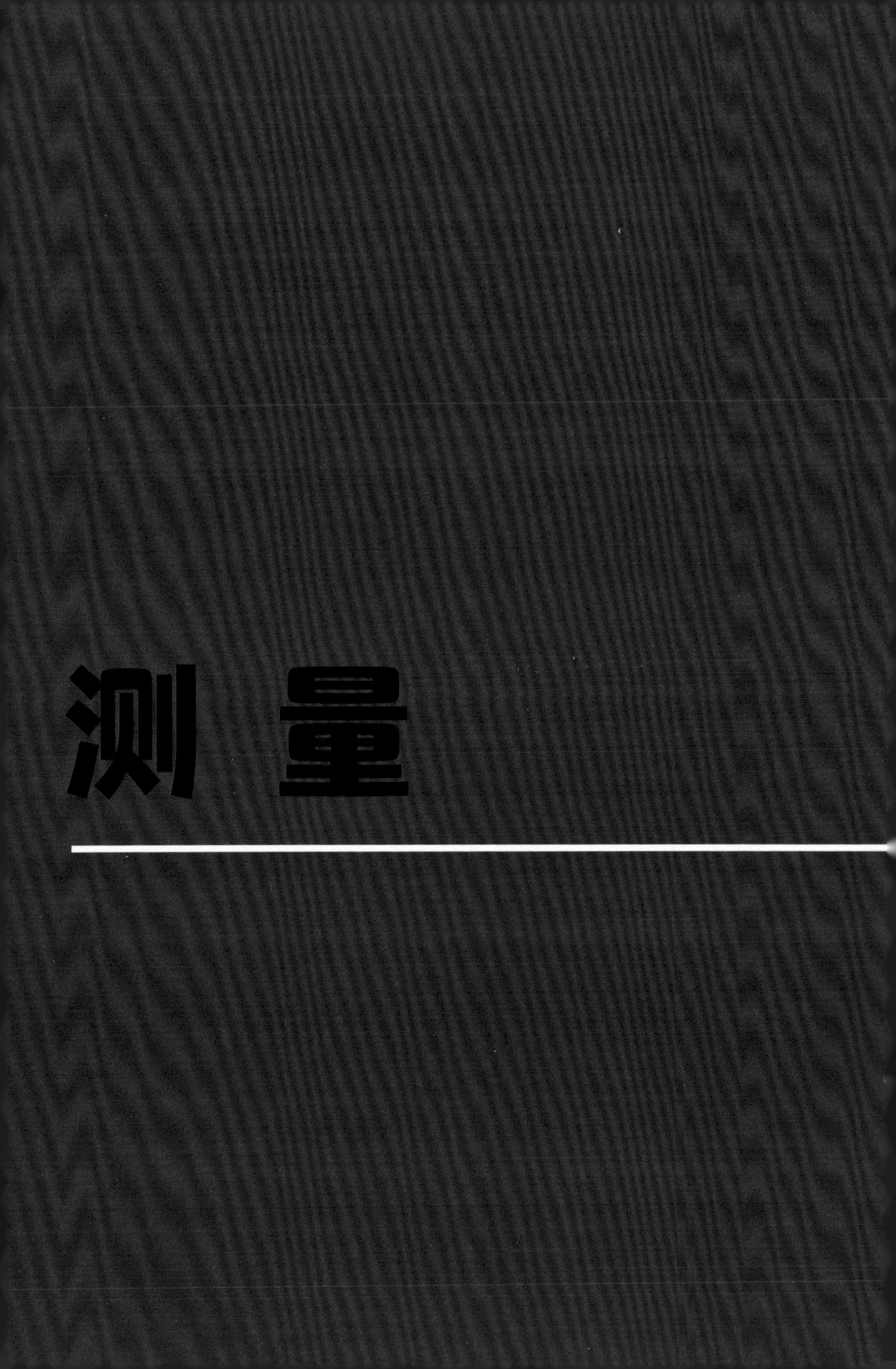

测量

纵观历史，人类一直通过长度、质量和时间等物理量来描述并理解物理世界。古代人们发明了许多测量这些量的方法，最终形成了我们今天所熟悉的标准单位，如米、千克和秒。现代世界拥有的仪器能够以极高的精度测量这些量。标准化创造了一种共同的语言，而准确性则让人相信结果是可靠和可预测的。

一些度量单位

不同的度量单位用于度量不同的事物，包括从物体移动的速度到声音的响度。后者的度量单位是分贝（db）。

量身定制

度量用于量化某物的大小。主要有两种计量体系：公制和英制，它们使用不同的度量单位。例如，在公制体系中，度量距离使用毫米（mm）、厘米（cm）、千米（km）等长度单位；在英制体系中，则使用英寸（in）、英尺（ft）和英里（mi）等单位。测量的精度取决于测量工具的精度。正因为如此，上界和下界对于描述精度很有用（见第109页）。

时间问题

时间可以用于描述一个事件持续的时长或事件之间间隔的时长。标准时间单位包括秒、分、时、天、周和年。早期文明从观察天空中太阳的运动得出了一些测量方法。这与地球的自转和公转有关，地球自转需要24小时（一天），绕太阳公转需要约365天（一年）。

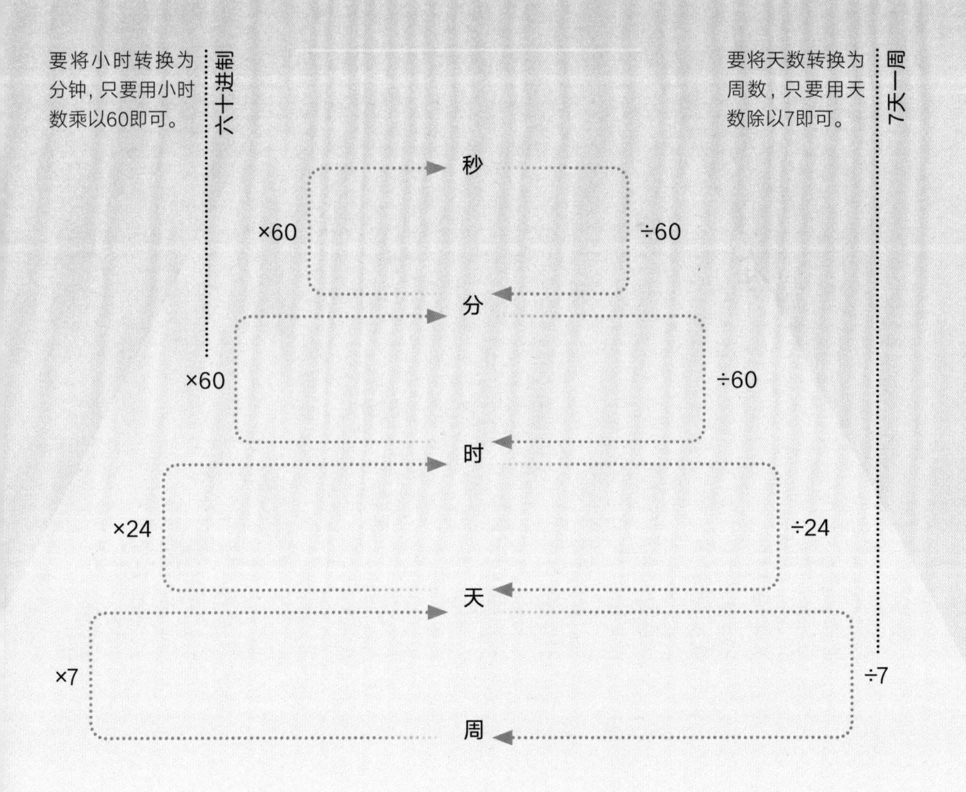

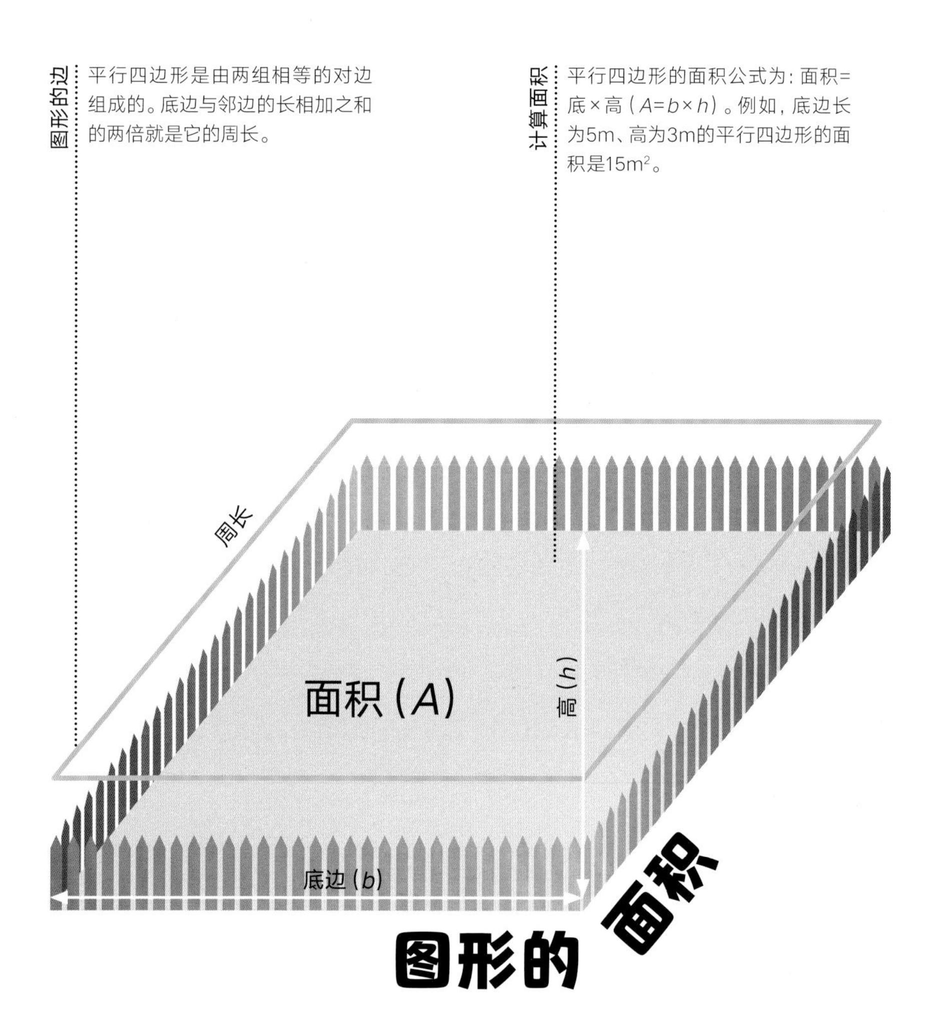

图形的面积

面积是指二维图形表面的大小。它的度量单位是长度单位的平方，如平方厘米（cm^2）、平方米（m^2）。一些图形有特殊的面积计算公式。一个封闭图形的周长是它的边长之和。如上图所示，这个花园是一个平行四边形，它的表面的大小是它的面积，花园的边长（篱笆）之和是它的周长。

漫话圆

圆是由一条封闭的线组成的，这条线上的所有点到圆的中心的距离是定值。用圆的周长除以它的直径就得到π，π的近似值是3.141 6（保留到小数点后4位）。这对所有的圆都成立，π对于求圆的面积或半径很有用，只要知道其中一个，就可以求出另一个。圆有无数条对称轴，且它还是二维图形中周长与面积之比最小的图形。

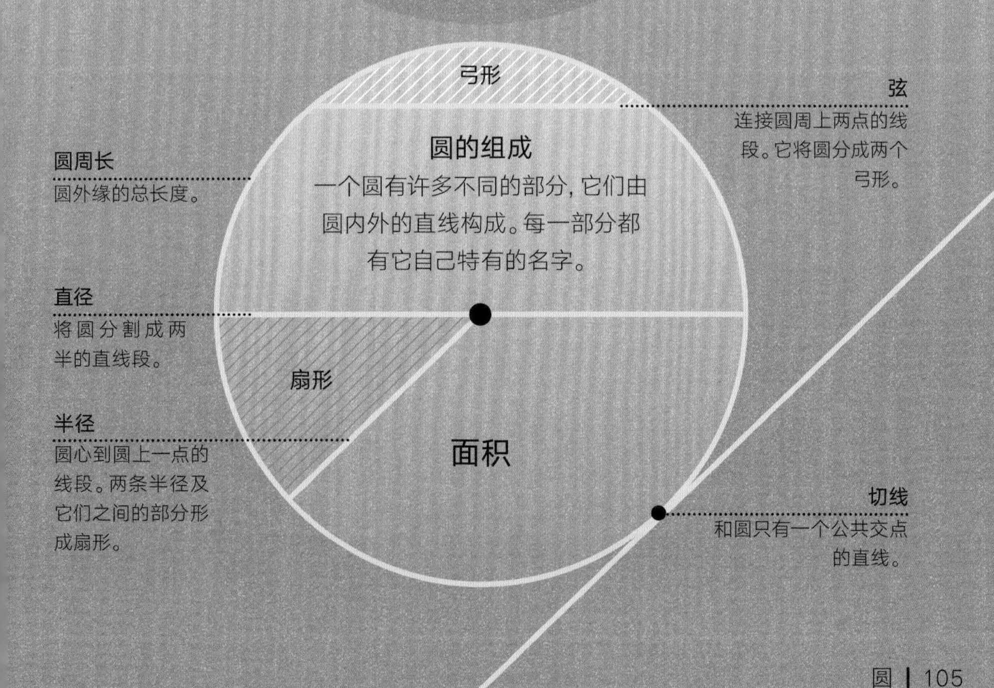

空间填充

物体的体积就是它所占的三维空间的大小。固体、液体或气体的体积是用立方单位来度量的。物体的体积也可以用于计算它的质量。简单的图形通常都有用来计算它们体积的公式。中空容器中所能容纳物品的体积叫作容积。

长方体

长方体中的立方单位很容易形象化。为了求长方体的体积，只要将长、宽、高相乘即可（$V=l\times w\times h$）。

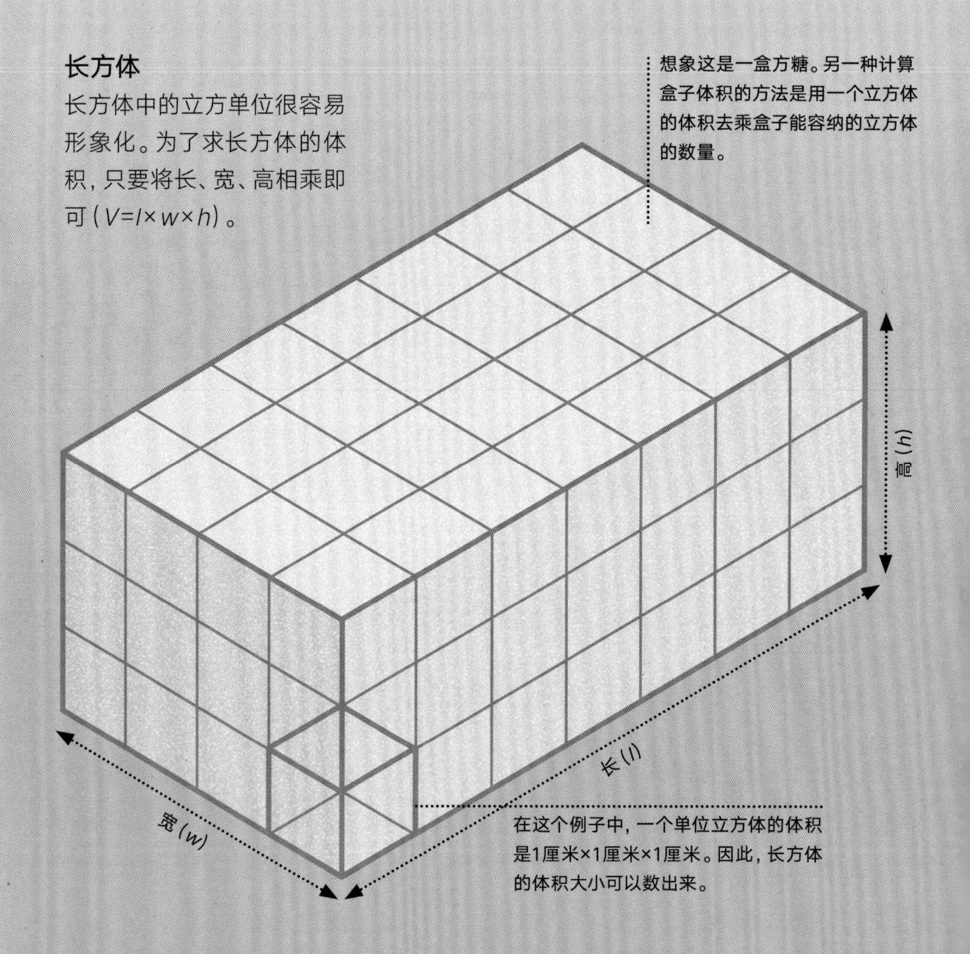

圆柱

圆柱由两个相同且平行的圆与一个曲面连接组成。圆柱的高是两个圆之间的距离。要计算圆柱的体积，需要知道它的半径和高（$V=\pi\times r^2\times h$）。

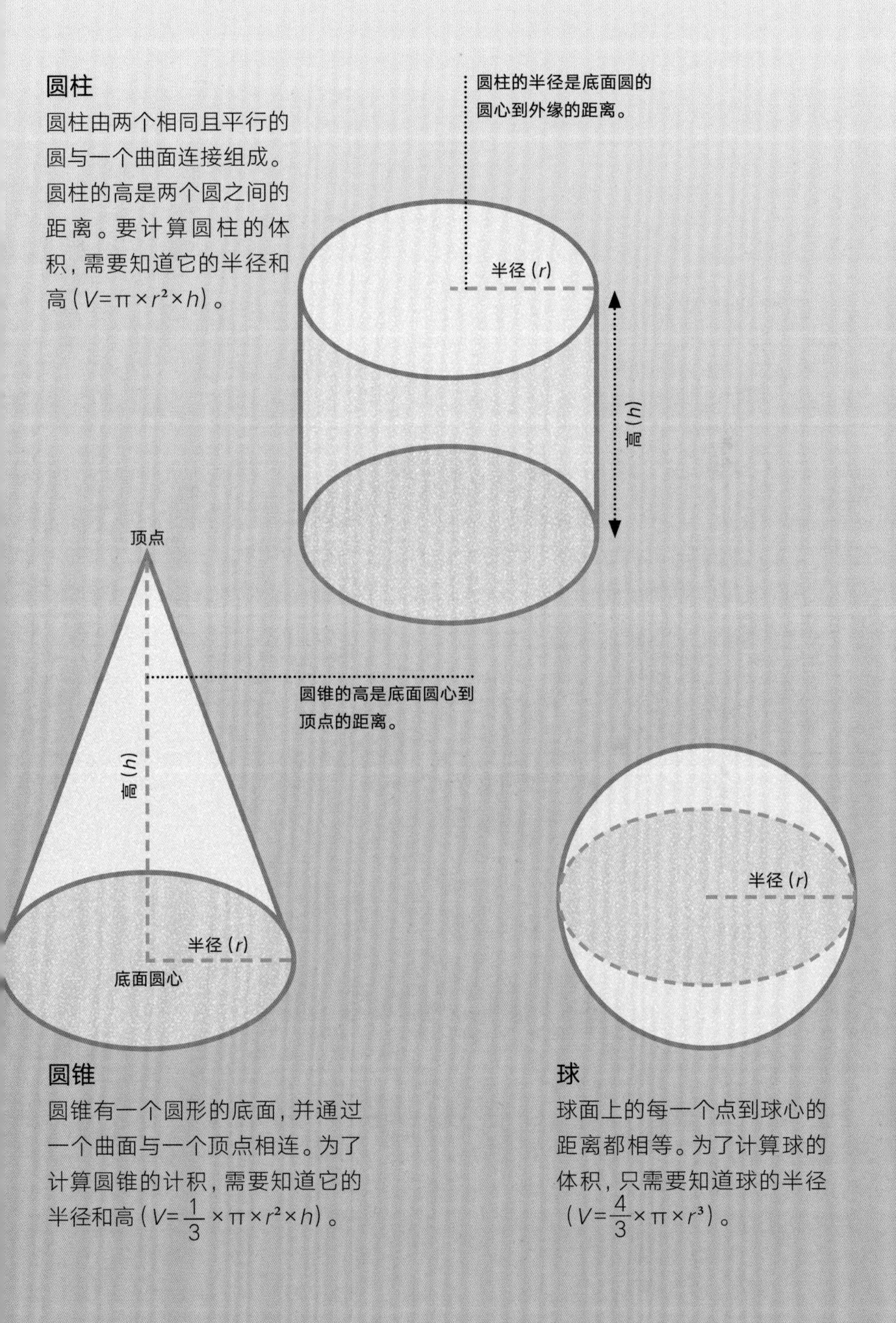

圆锥

圆锥有一个圆形的底面，并通过一个曲面与一个顶点相连。为了计算圆锥的计积，需要知道它的半径和高（$V=\frac{1}{3}\times\pi\times r^2\times h$）。

球

球面上的每一个点到球心的距离都相等。为了计算球的体积，只需要知道球的半径（$V=\frac{4}{3}\times\pi\times r^3$）。

圆柱的高 原来的圆柱的高是现在的长方形的宽。

长方形 圆柱的中间部分，展开后变成了一个长方形。

半径 这个圆和圆柱有相同的半径。

1.84厘米

8.9厘米

展开结果

一个三维物体表面面积的总和即它的表面积。知道一个物体表面积的计算方法在现实生活中有很多用途，比如方便人们找到覆盖物体所需的确切油漆量。建筑物或生物的表面积也决定了有多少热量会通过其表面散失。把一个形状的表面积想象成一个被平铺或展开的形状（它的展开图）是很有帮助的。一些三维图形有它们自己的计算表面积的公式。

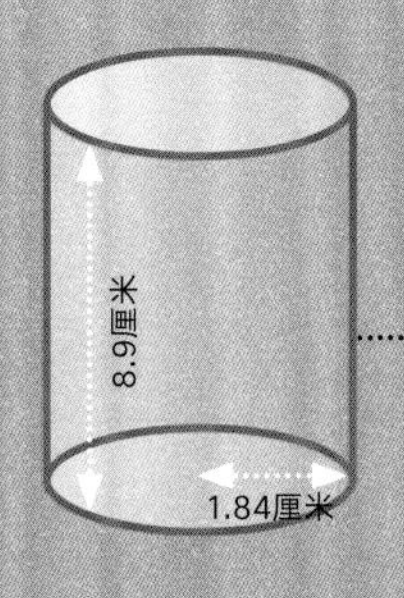

原来的形式 圆柱由两个相同的圆与一个曲面连接组成。

展开成平面 这是圆柱的展开图。圆柱的表面积是长方形的面积与两个圆的面积之和。

精确程度

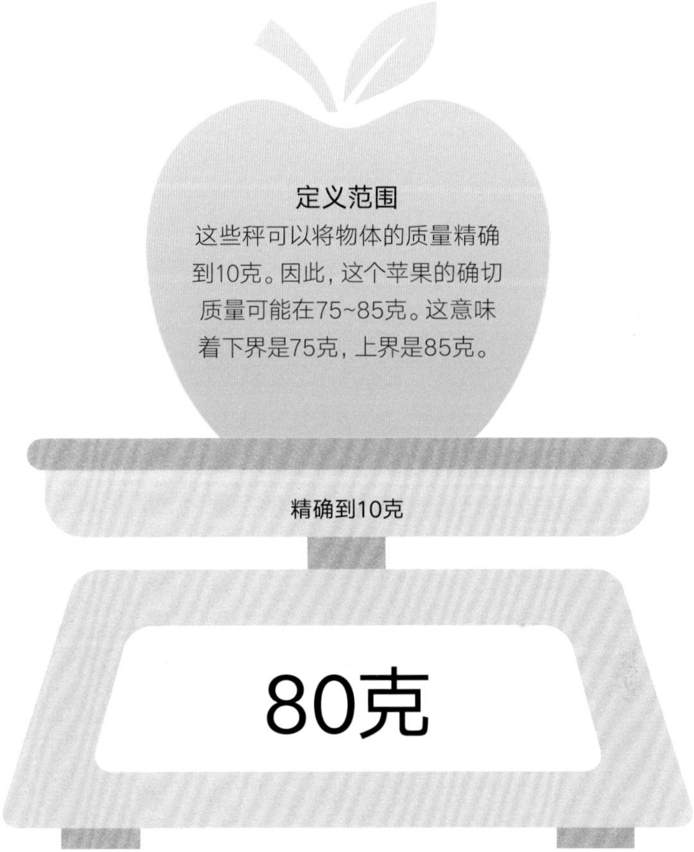

定义范围

这些秤可以将物体的质量精确到10克。因此，这个苹果的确切质量可能在75~85克。这意味着下界是75克，上界是85克。

精确到10克

80克

没有哪个测量是一定精确的。因此，这里有几种描述精确程度的方法。这包括精确到一定数量（如精确到10克）、精确到百分数（如精确到5%），或者保留一定数量的有效数字（从该数的第一个非零数字起，直到末尾为止的数字，称为有效数字）。例如，1.43千米，保留2位有效数字，结果是1.4千米。四舍五入到测量值的最小值称为下界，而最大值称为上界。

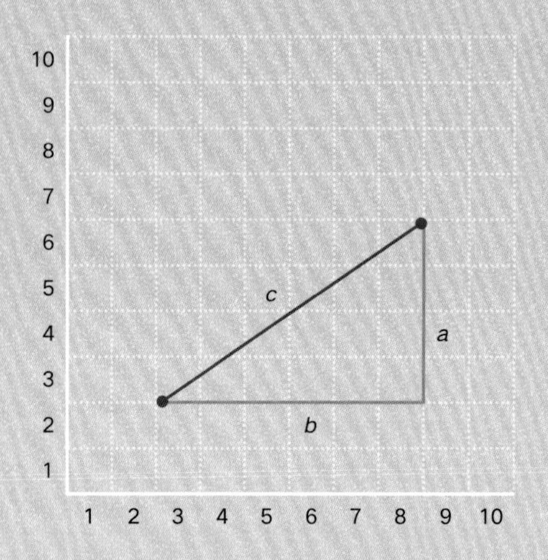

求长度

画一个直角三角形并写下毕达哥拉斯定理：$a^2+b^2=c^2$

量出线段a和b的长度，并将它们代入公式：$4^2+6^2=c^2$

计算平方数：$16+36=c^2$

得到线段c的长度的平方：$52=c^2$

调整一下顺序，两边开平方得：$\sqrt{c^2}=\sqrt{52}$

得到线段c的长为：$c=7.2$（保留2位有效数字）

直角三角形

毕达哥拉斯定理（一般称为“勾股定理”）的名字源自公元前6世纪的数学家和哲学家毕达哥拉斯，在西方传统上认为是毕达哥拉斯发现了这个定理。在直角三角形中，如果知道其中任意两条边的长度，那么应用这个定理就可以求出另一条边的长度。用代数表示就是$a^2+b^2=c^2$，其中，c是斜边（直角所对的边），a和b是两条直角边。

「理智是不朽的，其他一切都是会死的。
——毕达哥拉斯」

证明毕达哥拉斯定理

为了证明这个定理，以直角三角形的3条边为边长画正方形。然后数一数每个正方形中小正方形的个数。结果a^2和b^2之和恰好等于c^2。

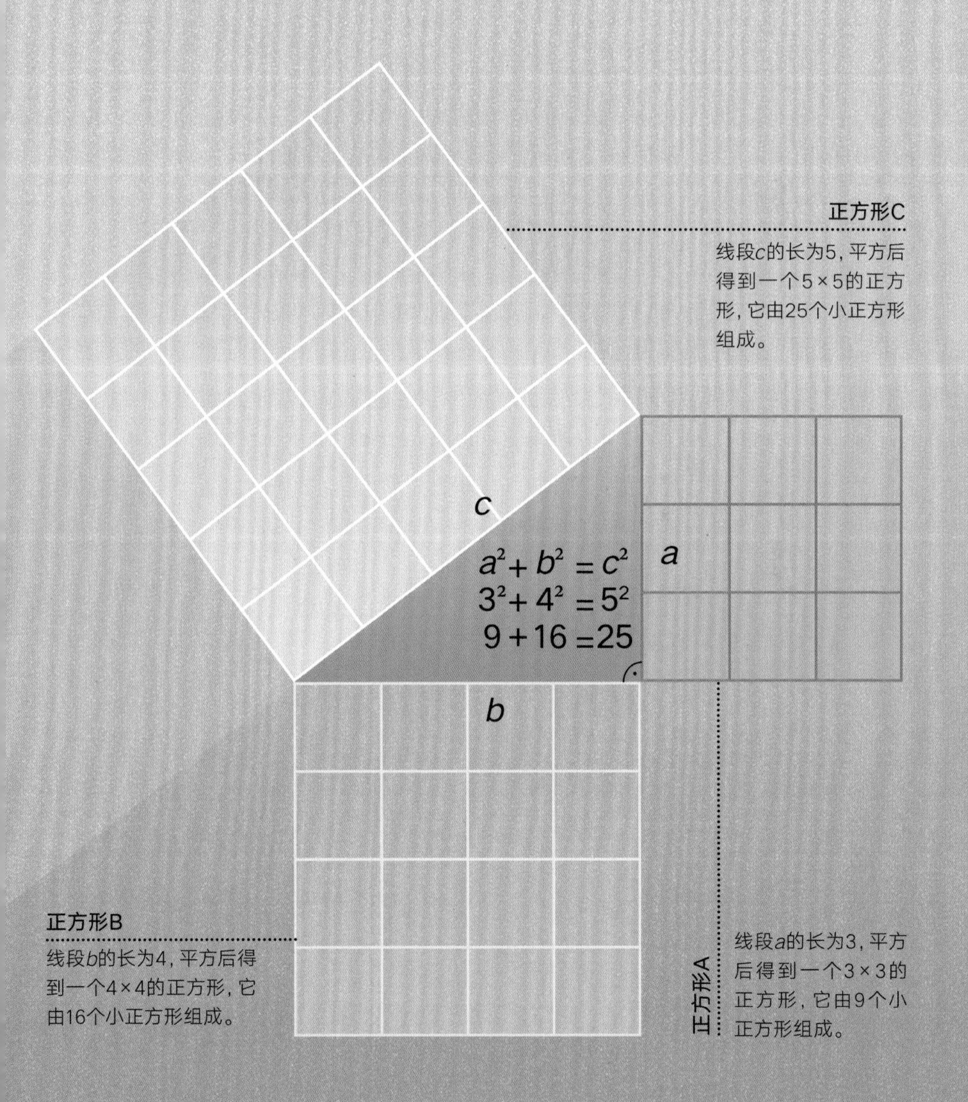

按比例绘制

比例尺为$\frac{1}{50}$意味着3米的实际距离在这里用3米÷50的长度表示，即0.06米或6厘米。

数学在建筑上的应用

在建筑中，为了有效地规划和实施施工，在施工之前会使用比例尺绘制准确的蓝图。

功能布局

按照比例绘制计划可以帮助人们确定关键功能（比如这个窗口）的位置是可行的和最佳的。

比例尺

缩尺图和地图与它们描绘的真实建筑或地区有相同的比例。它们是使用比例尺绘制的，它的工作原理是将每个测量值乘以相同的数。例如，这张缩尺图的比例尺是 $\frac{1}{50}$（也可以写成1: 50）。这意味着图中的每个长度都是它所代表的真实长度的$\frac{1}{50}$。比例尺在现实生活中有许多用途，它们是建筑、家具设计和地图绘制中不可或缺的组成部分。在三维空间的缩尺模型中也会用到比例尺。

比例尺: $\frac{1}{50}$

相似

在几何中，如果两个图形成比例，那么就称它们是相似的。例如，一个图形的边长是另一个图形边长的两倍，并且这两个图形对应角分别相等，那么它们就是相似图形。此外，如果两个图形除了对应角相等，它们的对应边也相等，那么就称它们是全等图形。图形的方向和位置并不影响它们是否相似或全等。全等和相似也可以针对三维物体，如上面的洋娃娃。

或一致？

全等或相似

虽然这些洋娃娃的形状相同，因为它们的比例相同，但其中有一些比其他的大。所有的洋娃娃都是相似的，中间一对大小相同的娃娃是全等的。

两个全等图形对应边相等，对应角相等。

未知角

为了求出这个角，与它相对的边（树的影子）称为对边，而树的高度所在边称为邻边。

?

未知边长

用毕达哥拉斯定理（即勾股定理，见第110~111页）可以计算出这条边的长度为11.0米（保留3个有效数字）。

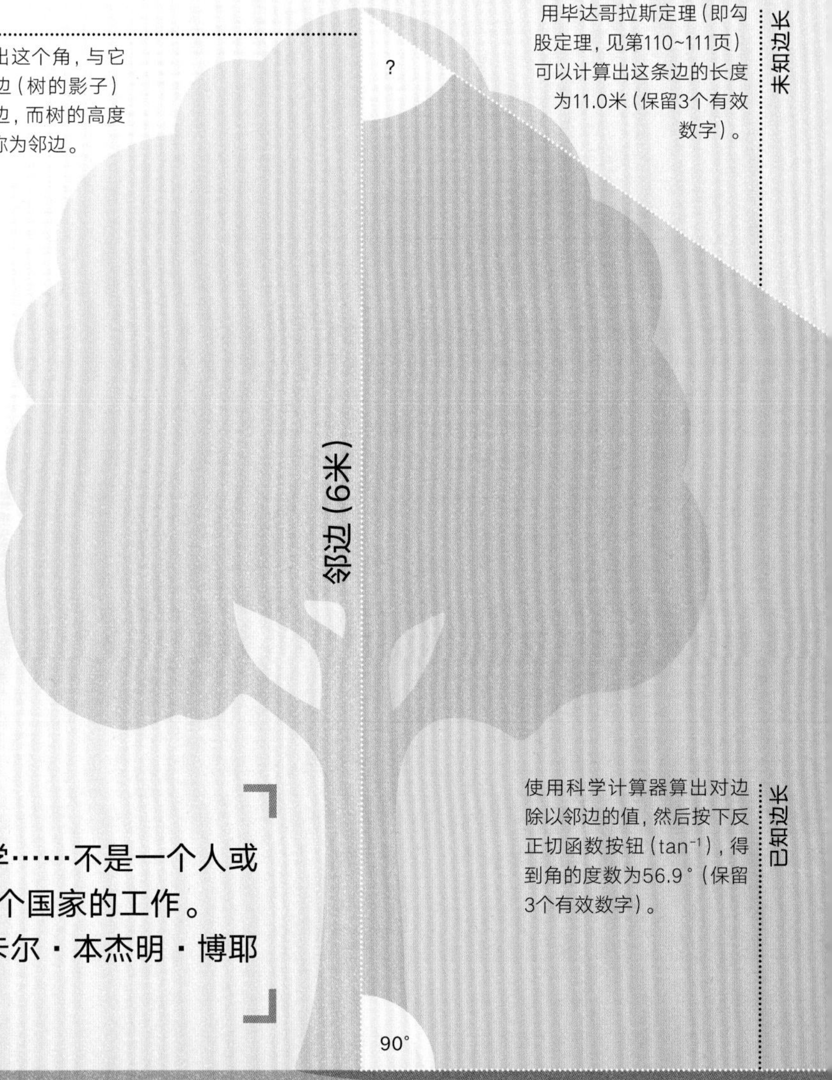

邻边（6米）

已知边长

使用科学计算器算出对边除以邻边的值，然后按下反正切函数按钮（$\tan^{-1}$），得到角的度数为56.9°（保留3个有效数字）。

90°

> 三角学……不是一个人或一个国家的工作。
> ——卡尔·本杰明·博耶

与三角形有关的计算

三角函数基于三角形边长和角之间的关系。在直角三角形中，最长的边叫作斜边。另外两条边，相对于一个特定的角，分别叫作对边和邻边。三角函数中3个主要比例关系分别是正弦（sin）、余弦（cos）和正切（tan）。正弦是对边比斜边，余弦是邻边比斜边，正切是对边比邻边。因为对应角分别相等的两个直角三角形是相似的（见第114~115页），所以这些比例总是相同的。

斜边

选择一个角和一个比

首先选择一个要求度数的角，在这个例子中是左上方的角。这个角的对边和邻边长都是已知的。因为正切是用对边长比邻边长，所以用正切可以求这个角的度数。

?

对边（9.2米）

几乎精确的数据

基于3颗或更多GPS卫星信号的计算是如此精确，以至于在开放的天空下，一个启用了GPS的智能手机的精确范围在5米左右。

3颗卫星的信号在地球表面的一个精确位置相交。这就是GPS接收器的位置。

GPS接收器

应用三角函数

三角函数在很多不同的领域都有应用，包括从建筑和导航到航空和天文学。这是因为三角函数可用于计算距离、高度和角度。例如，天文学家使用三角函数来测量夜空中恒星之间的距离，建筑师使用它来计算建筑的尺寸，全球定位系统（GPS）依赖应用于卫星信号的三角函数来确定GPS接收器在地球上的确切位置。

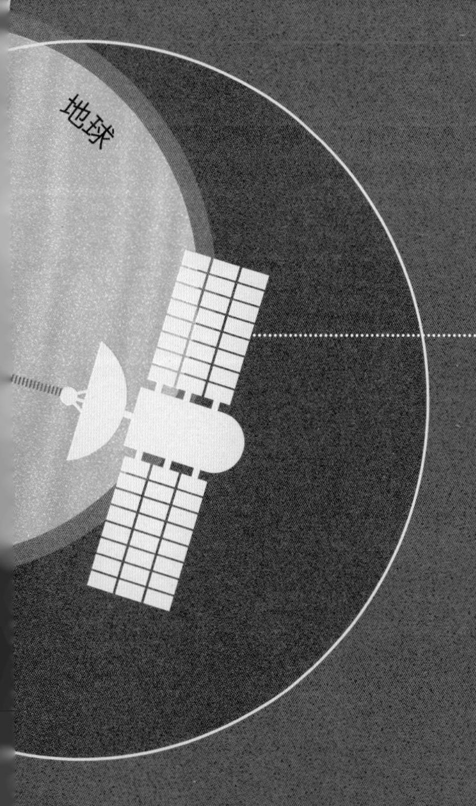

卫星

装有原子钟的GPS卫星发射出高度精确的时间戳，以便随时准确定位。

GPS是怎样工作的？

GPS卫星的工作原理是给出它在空间中的位置，以及它与地球上GPS接收器的距离。至少有3颗卫星必须同时这样做，它们的信号才会在地球表面的某一点相交。这一方法被称为“三边测量法”。

斜三角形

斜三角形是没有直角的三角形。正弦定理和余弦定理可用于求斜三角形的未知边和未知角。不过只有当三角形的某些边或角已知时才能使用它们。至于用哪个定理取决于已知哪些值。当把已知值代入正弦定理或余弦定理时，每一个角（比如$\angle A$）与它的对边（a）是配对的。正弦和余弦在计算器键盘上缩写为sin和cos。

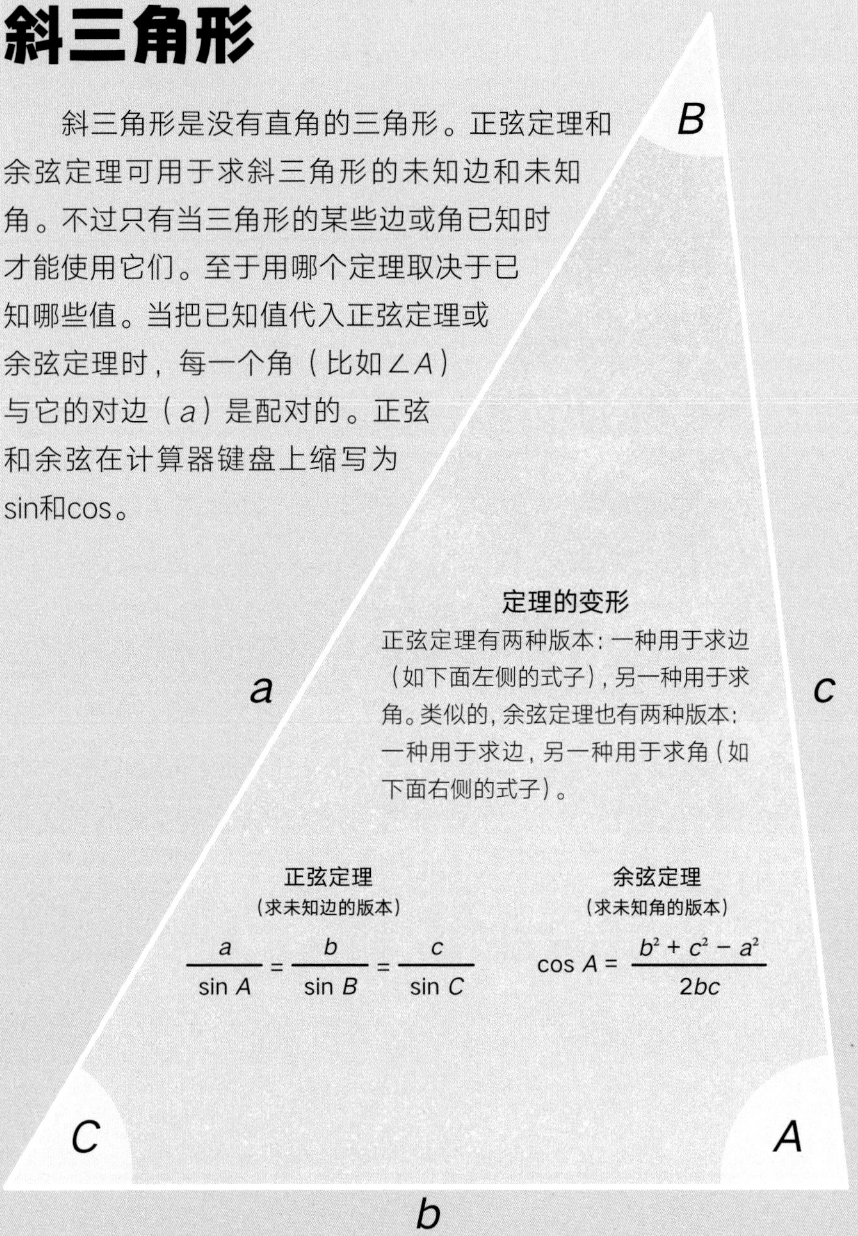

B

a

c

C

A

b

定理的变形

正弦定理有两种版本：一种用于求边（如下面左侧的式子），另一种用于求角。类似的，余弦定理也有两种版本：一种用于求边，另一种用于求角（如下面右侧的式子）。

正弦定理
（求未知边的版本）

$$\frac{a}{\sin A}=\frac{b}{\sin B}=\frac{c}{\sin C}$$

余弦定理
（求未知角的版本）

$$\cos A=\frac{b^2+c^2-a^2}{2bc}$$

速度：运动物体的速度可以用它运动的路程除以运动的时间求得。

路程：物体运动的路程可以用它的速度乘运动的时间求得。

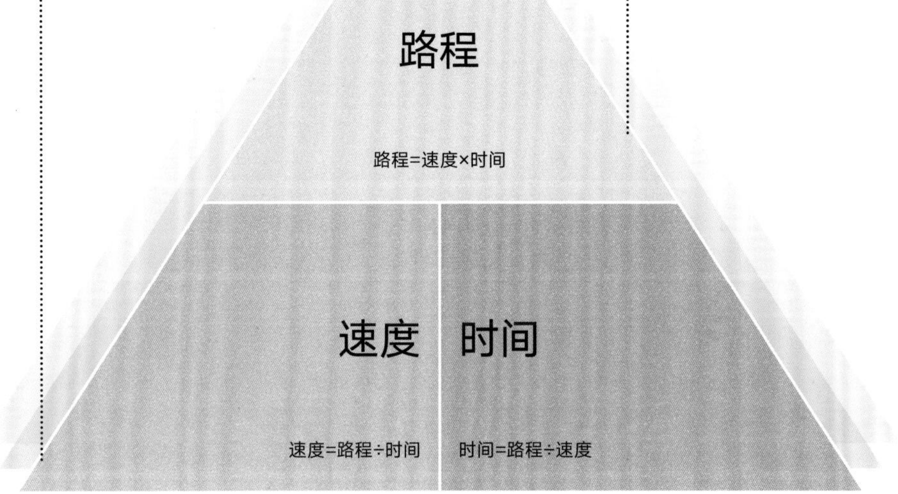

路程

路程=速度×时间

速度

速度=路程÷时间

时间

时间=路程÷速度

组合单位

复合测量使用两个或多个不同的单位。例如，运动物体的速度通常用千米/时或英里/时来测量。这些复合测量既考虑了行驶的距离，也考虑了经过的时间。其他复合测量包括压力、力、密度，以及物体的面积和体积（见第106~107页）。

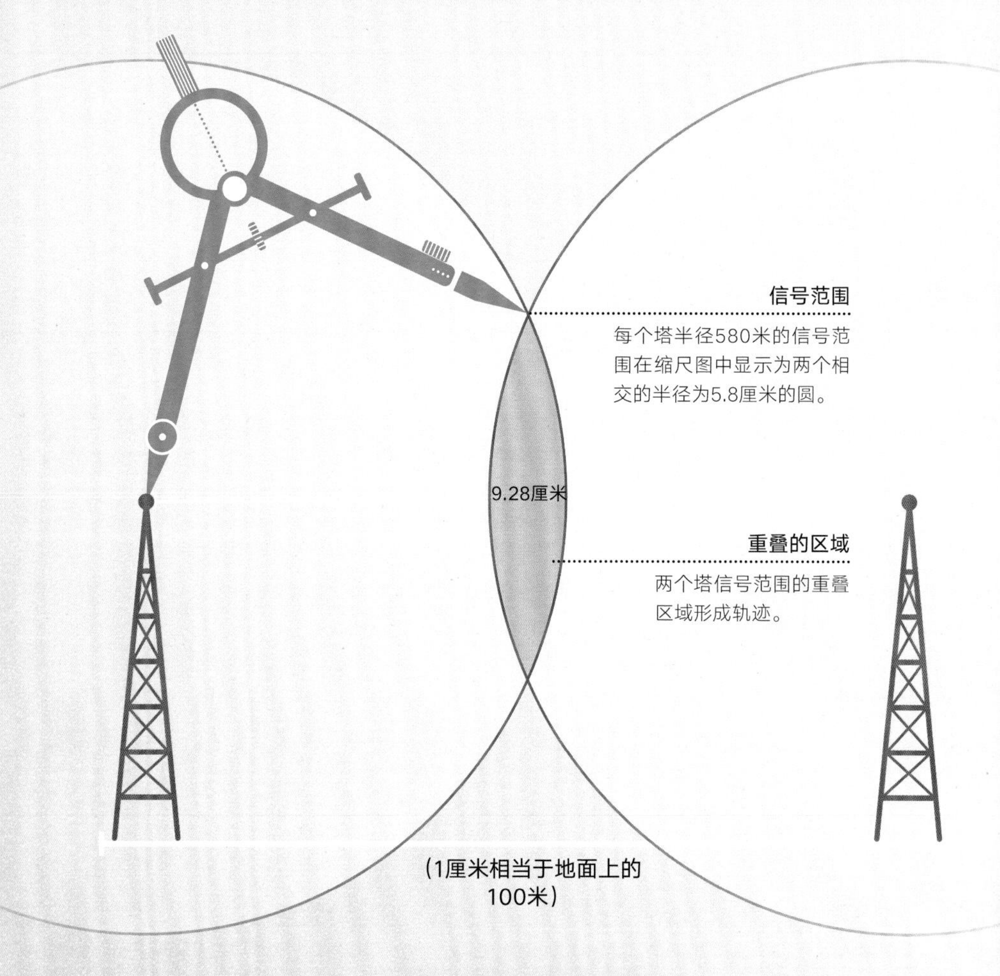

点的集合

尺规作图是用圆规和直边（通常是一把尺子）画出精确的图形。这可以是一个轨迹的绘制——满足一个或多个条件的点的集合。轨迹的一个例子是圆（见下一页）。轨迹可以是一维、二维或三维的。轨迹也可以组合成新的轨迹，如上图两个输电塔信号范围的简化缩尺图。它表示一个轨迹，由两个轨迹（圆）之间的重叠区域形成。

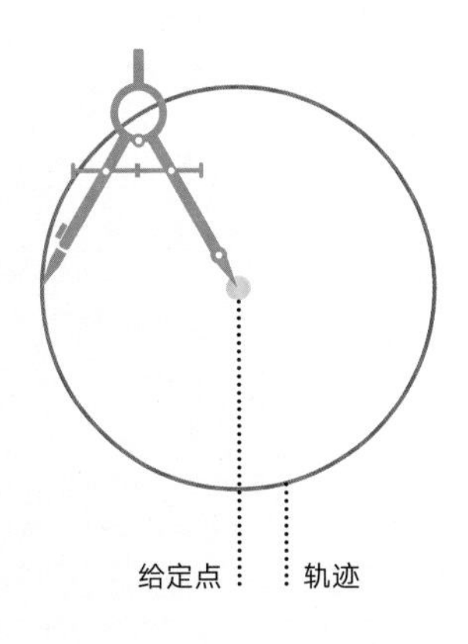

设置与某一点的距离

以给定点为圆心，用圆规画一个完整的圆。这个轨迹满足如下条件：轨迹上的所有点到中心的距离都相等。

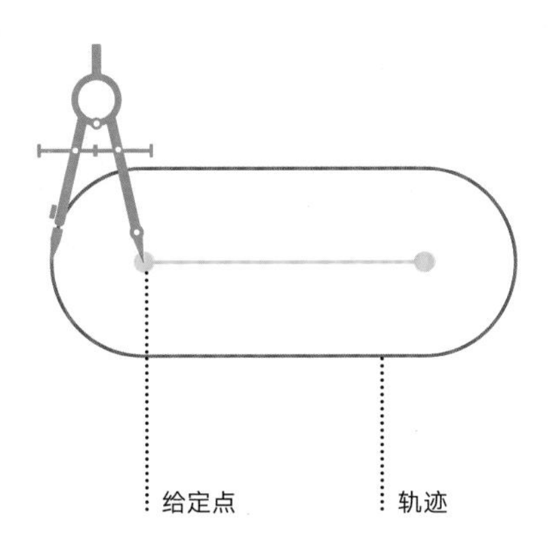

设置与线段的距离

这个轨迹由距线段固定距离的点组成。用圆规画两端的半圆，然后用尺子画直边。

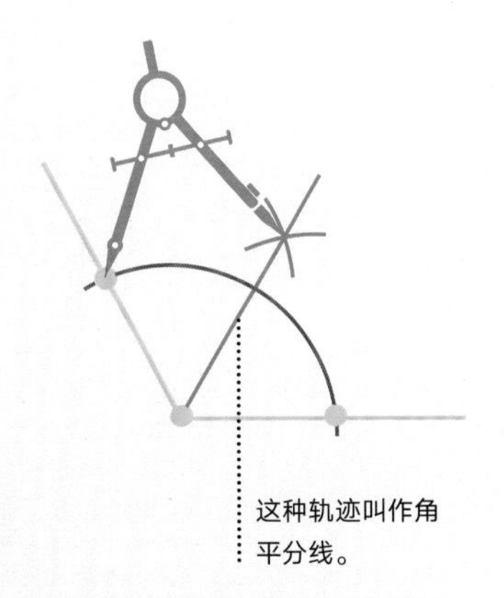

到角两边的距离相等

这个轨迹是由一组点组成的直线，这些点满足与两条相交的黄色线段等距（距离相等）的条件。

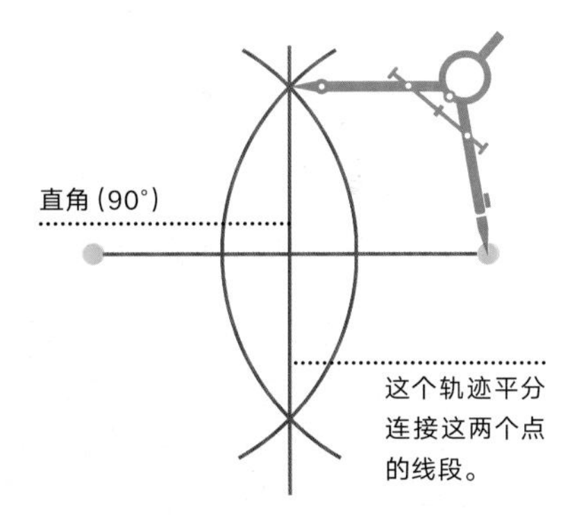

到线段两端点的距离相等

到两个点距离相等的点形成的轨迹是垂直平分线——一条经过连接这两个点的线段的中点并且垂直线段的直线。

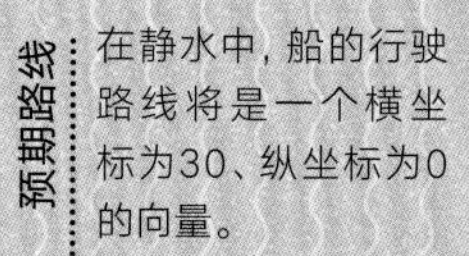

大小和方向

向量是在某个方向上移动的距离。每一个向量都有大小和方向。在图示中，它被画成一条带有箭头的线段。线段的长度表示向量的大小，而箭头则表示方向。向量通常用水平方向的单位（例如“米”）和垂直方向的单位（见下一页）来表示。如果水平方向的单位是正的，那么向量的方向向右，否则向左。类似的，如果垂直方向的单位是正的，那么向量的方向向上，否则向下。

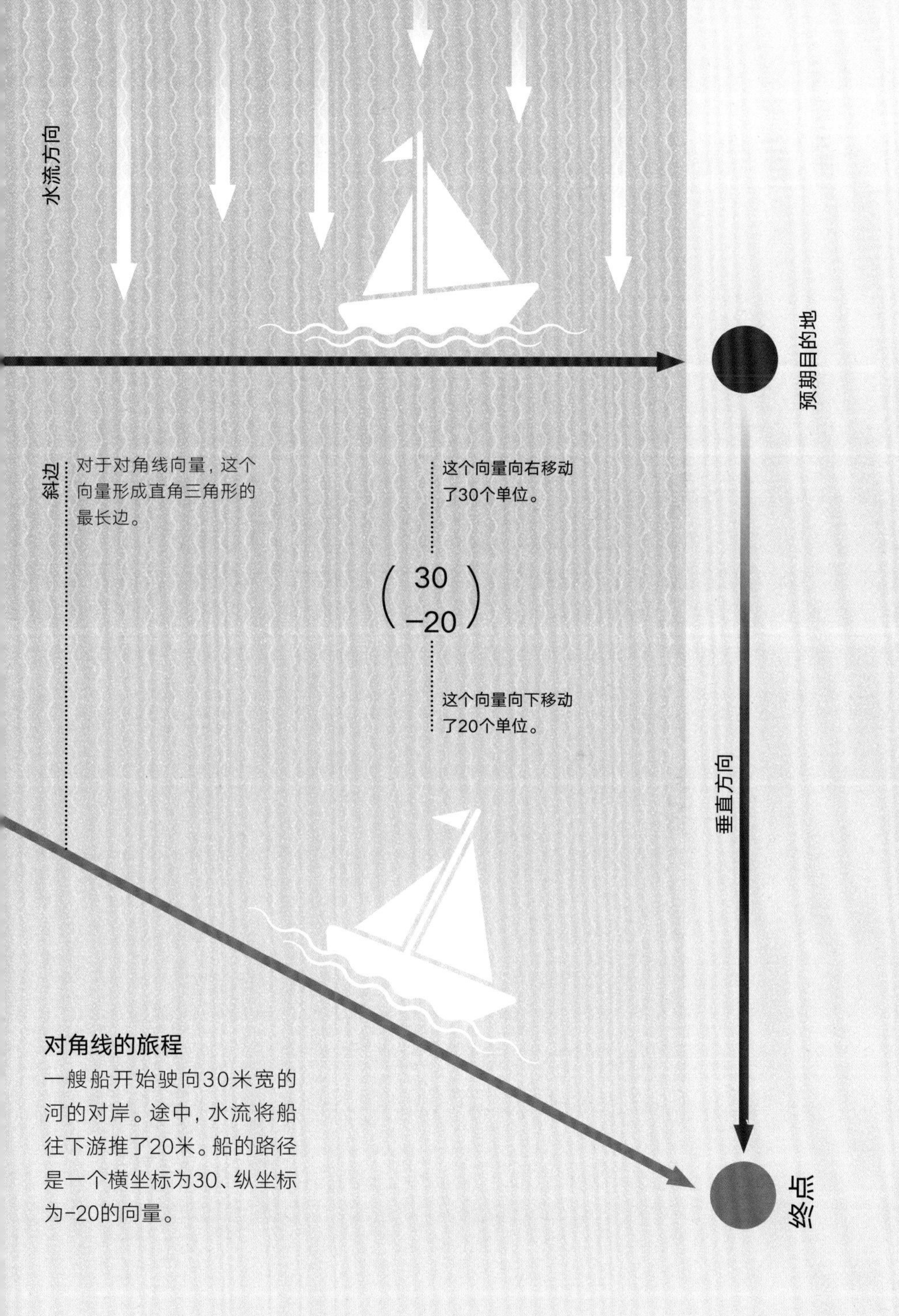

对角线的旅程

一艘船开始驶向30米宽的河的对岸。途中，水流将船往下游推了20米。船的路径是一个横坐标为30、纵坐标为-20的向量。

什么是矩阵？

矩阵是用方括号或圆括号括起来的数字或变量的矩形网格。矩阵以行和列的形式记录信息，这些行和列可以扩展以存储大量数据。它们允许计算机自动计算，并应用于物理、计算机科学和密码学等领域。矩阵可以做加法、减法和乘法。矩阵也被用于二维图形（见下一页）和三维图形的变换。

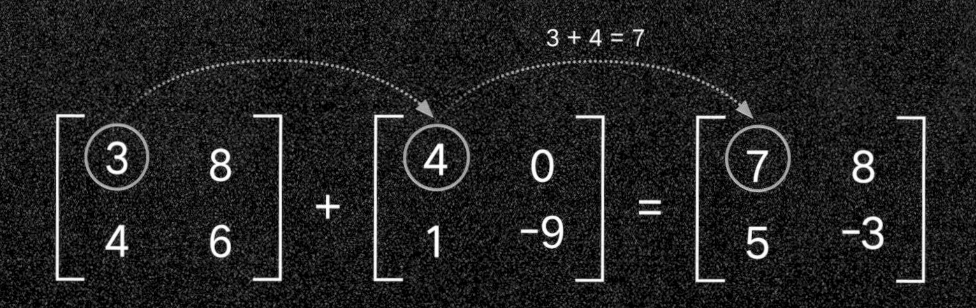

矩阵运算

两个矩阵相加或相减，用第一个矩阵的每一个元素去加或减第二个矩阵中的对应元素。两个矩阵相乘，用第一个矩阵中的每一行去乘第二个矩阵中的每一列。

第一个被证实使用矩阵的是在公元前2世纪的古代中国。

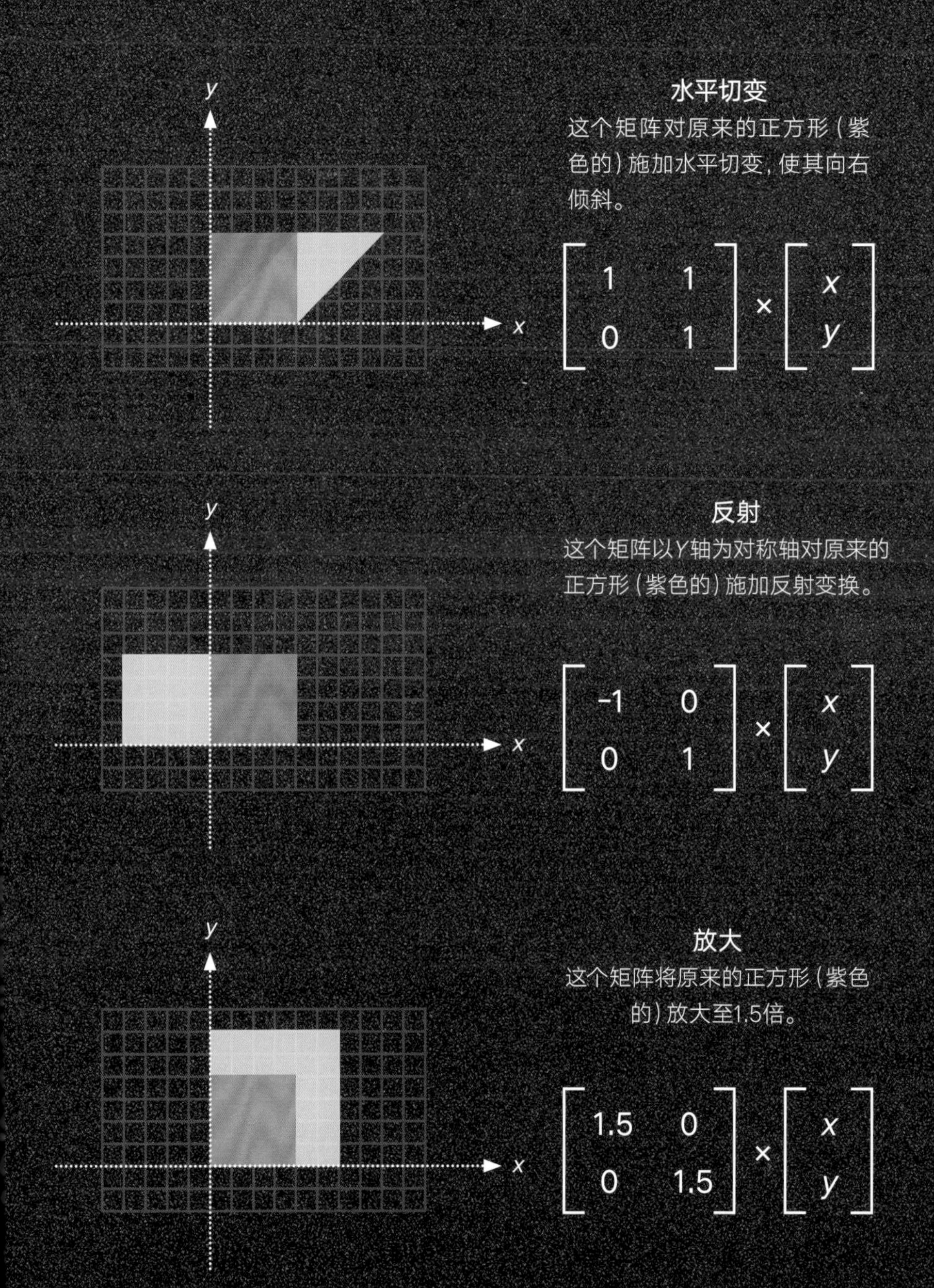
y
x
水平切变
这个矩阵对原来的正方形（紫色的）施加水平切变，使其向右倾斜。
$\begin{bmatrix} 1 & 1 \\ 0 & 1 \end{bmatrix} \times \begin{bmatrix} x \\ y \end{bmatrix}$
y
x
反射
这个矩阵以Y轴为对称轴对原来的正方形（紫色的）施加反射变换。
$\begin{bmatrix} -1 & 0 \\ 0 & 1 \end{bmatrix} \times \begin{bmatrix} x \\ y \end{bmatrix}$
y
x
放大
这个矩阵将原来的正方形（紫色的）放大至1.5倍。
$\begin{bmatrix} 1.5 & 0 \\ 0 & 1.5 \end{bmatrix} \times \begin{bmatrix} x \\ y \end{bmatrix}$

统计
和概率

概率和统计都是关于数据处理的概念。统计学利用现有数据进行分析，并呈现信息，以揭示事物之间的趋势或关系。政府需要统计数据来进行有效的规划，因此需要花费大量的时间和精力在收集数据上。概率源于赌博和保险，在这两种情况下，理解特定结果发生的概率是有益的。在概率论中，数据用于预测未来事件发生的可能性。概率应用于生活的各个领域，包括保险和风险分析，以及量子物理。

统计学重要吗?

数据就是信息，可以是定量的（包括数字），也可以是定性的（包括意见或描述）。统计学涉及收集、整理、表示、分析和解释数值数据。收集的信息主要用于回答或解决问题。科学、医疗、工业或社会问题都可以利用统计学来解决。数学对于有效地呈现和分析数值数据是必不可少的。

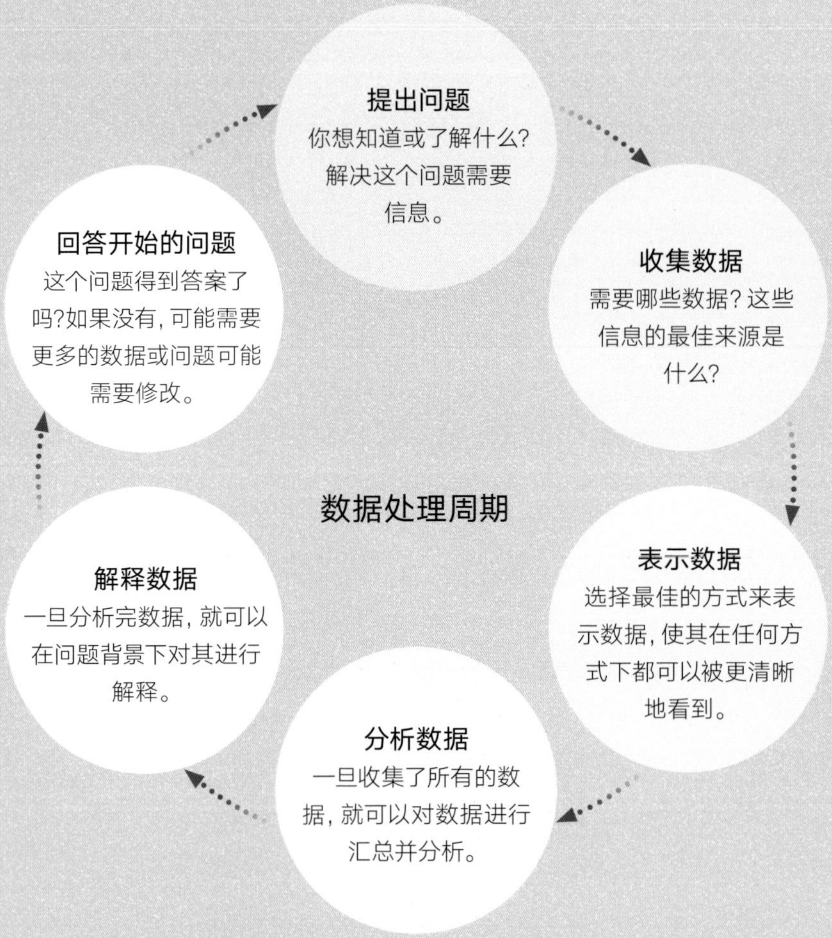

提出问题
你想知道或了解什么?解决这个问题需要信息。

收集数据
需要哪些数据?这些信息的最佳来源是什么?

表示数据
选择最佳的方式来表示数据，使其在任何方式下都可以被更清晰地看到。

分析数据
一旦收集了所有的数据，就可以对数据进行汇总并分析。

解释数据
一旦分析完数据，就可以在问题背景下对其进行解释。

回答开始的问题
这个问题得到答案了吗?如果没有，可能需要更多的数据或问题可能需要修改。

数据处理周期

抽样和调查

统计学家收集关于一个群体的数据，这个群体被称为总体。我们可以从整个总体中收集信息，例如人口普查问卷。抽样用于从总体的一个子集中采集信息，并假定数据适用于整体。对随机选择的子集进行调查可以达到这一目的，但需要注意避免潜在的偏差。

数据收集

高质量的信息被高度重视，政府和公司会花费大量的时间和金钱来收集数据。

数据图表

统计学就是通过处理数据来深入了解一个想法或理论的。收集数据是以数字或文字的形式获取的。以可视化的形式显示数据，可以清晰地理解任何模式和趋势，并对不同的数据集进行比较。使用什么图表取决于数据的类型。数据可以是离散的值，比如一个公司员工的数量，也可以是非数值（定性的或分类的），比如喜欢的食物类型。

类别	频数
橙色	3
绿色	7
紫色	6
红色	3
黄色	4

数据表格

表格是最简单的整理数据的方式。频数表示一个值在某一类别中出现的次数。

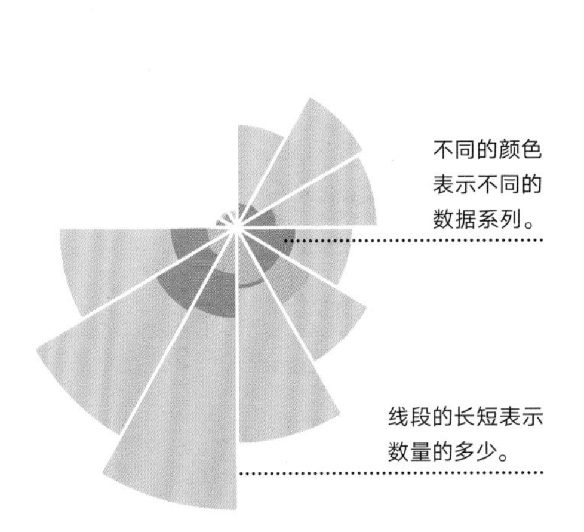

鸡冠花图

像饼图一样排列的鸡冠花图适用于具有周期性的数据，比如一年中的月份。

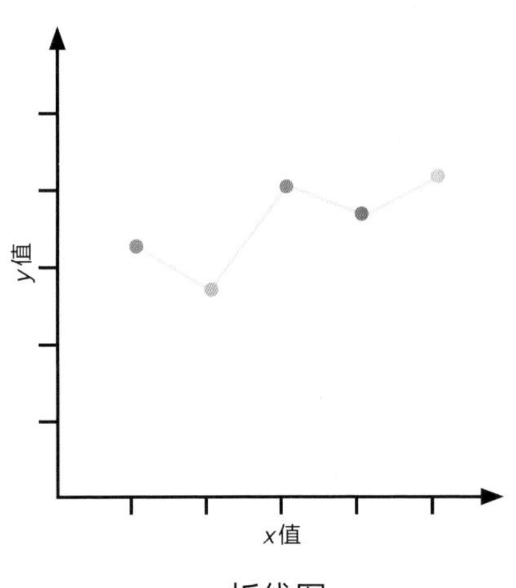

折线图

折线图通常用于连续的数据，随时间而变化的数据一般用这种方式表示。

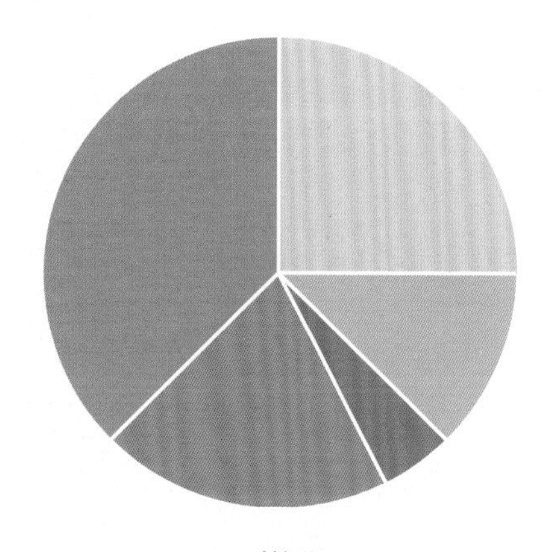

饼图

饼图显示了每个类别的数据占整体数据的比例。

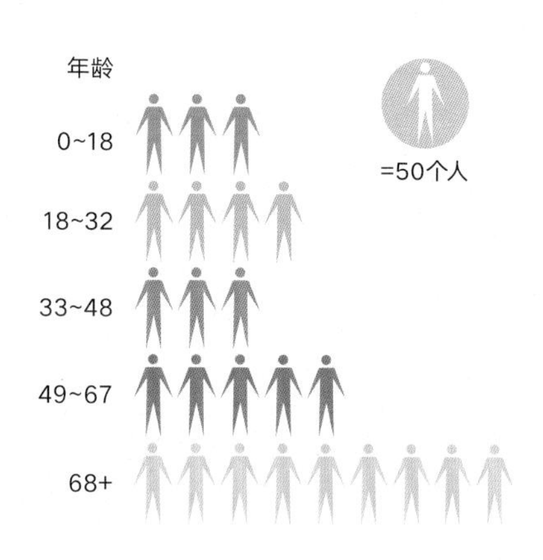

象形图

象形图类似于条形图，但它们用图片代替条形来表示频数。

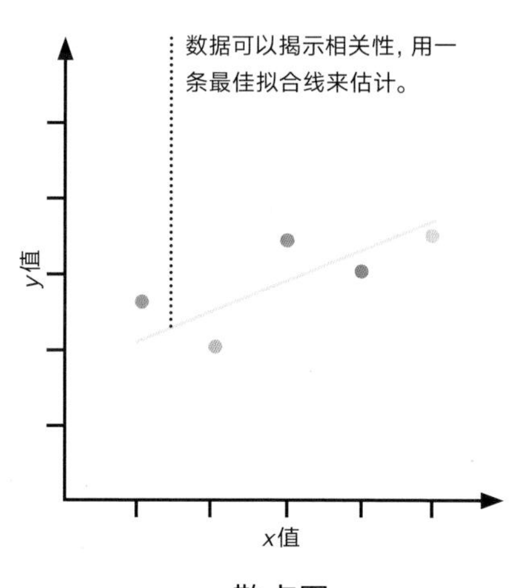

散点图

将两个连续变量描出来相互对照，可以显示它们之间是否存在相关性（例如，年龄和身高）。

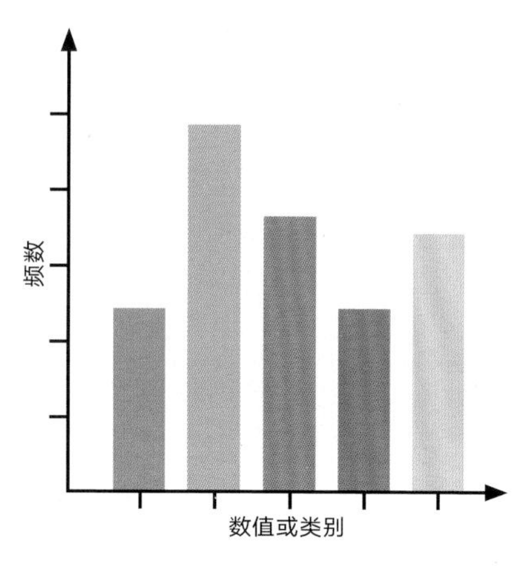

条形图

条形图用于显示不同类别的或离散的数据，并给出每个类别或数值的频数。

理解数据

现代世界正以日益增长的速度产生数据，而统计学可以帮助人们理解这些数据。数据的一个关键属性是平均值，这是一个很有代表性的量。另一个属性是扩展，它表示数据的可变程度。例如，可以分析一组数据来找出铅球运动员的平均投掷长度，以及它们的一致性。统计学用于分析模式和趋势，或者两个因素之间可能的相关性，如二氧化碳的含量和全球气温。通过分析数据，政府和企业可以作出明智的决策。

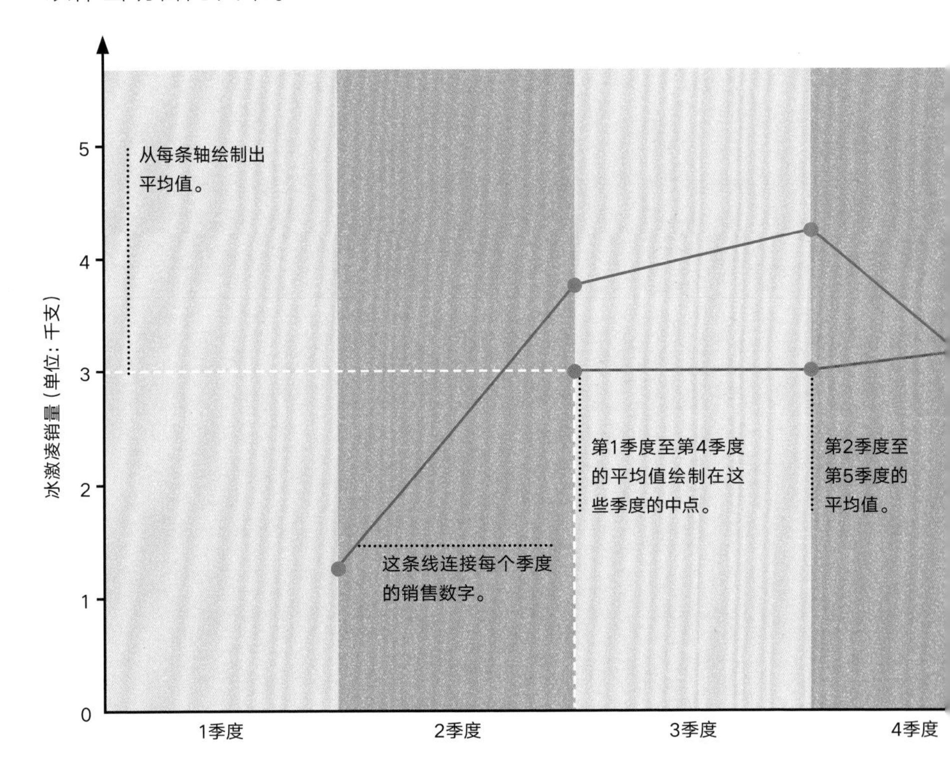

销售数据

通过分析销售数据，企业可以作出诸如库存水平和营销支出等决策。下表显示了两年内冰激凌的销售情况，每年分为4个季度。

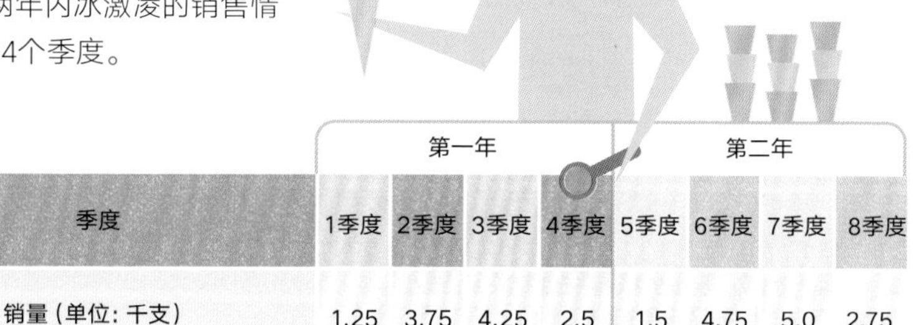

季度	1季度	2季度	3季度	4季度	5季度	6季度	7季度	8季度
	第一年				第二年			
销量（单位：千支）	1.25	3.75	4.25	2.5	1.5	4.75	5.0	2.75

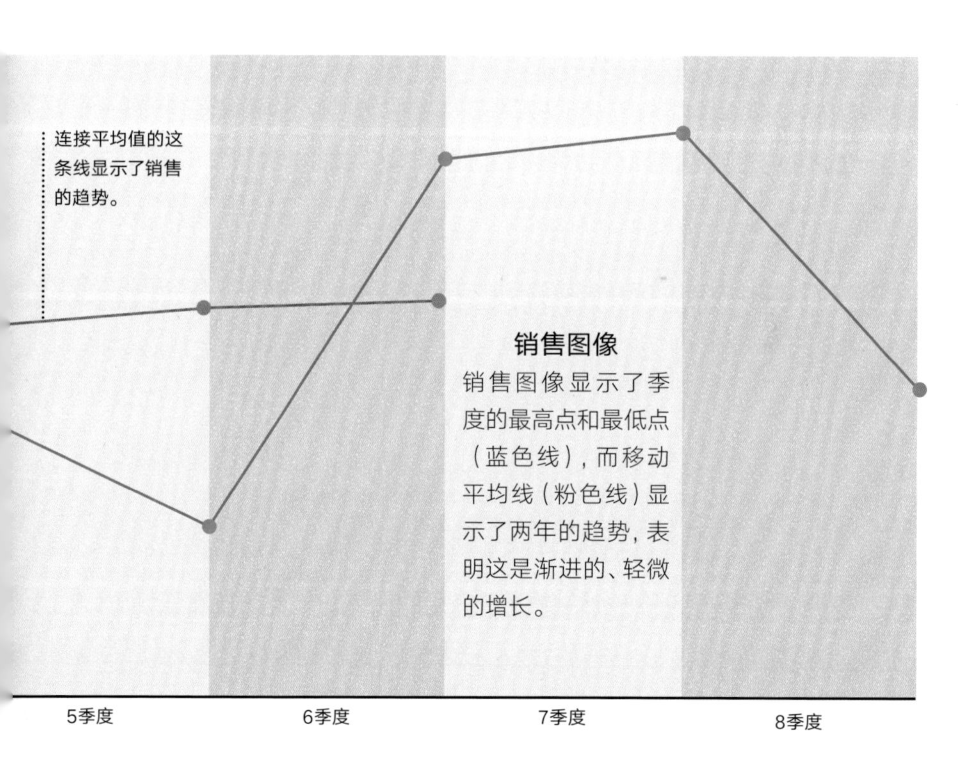

销售图像

销售图像显示了季度的最高点和最低点（蓝色线），而移动平均线（粉色线）显示了两年的趋势，表明这是渐进的、轻微的增长。

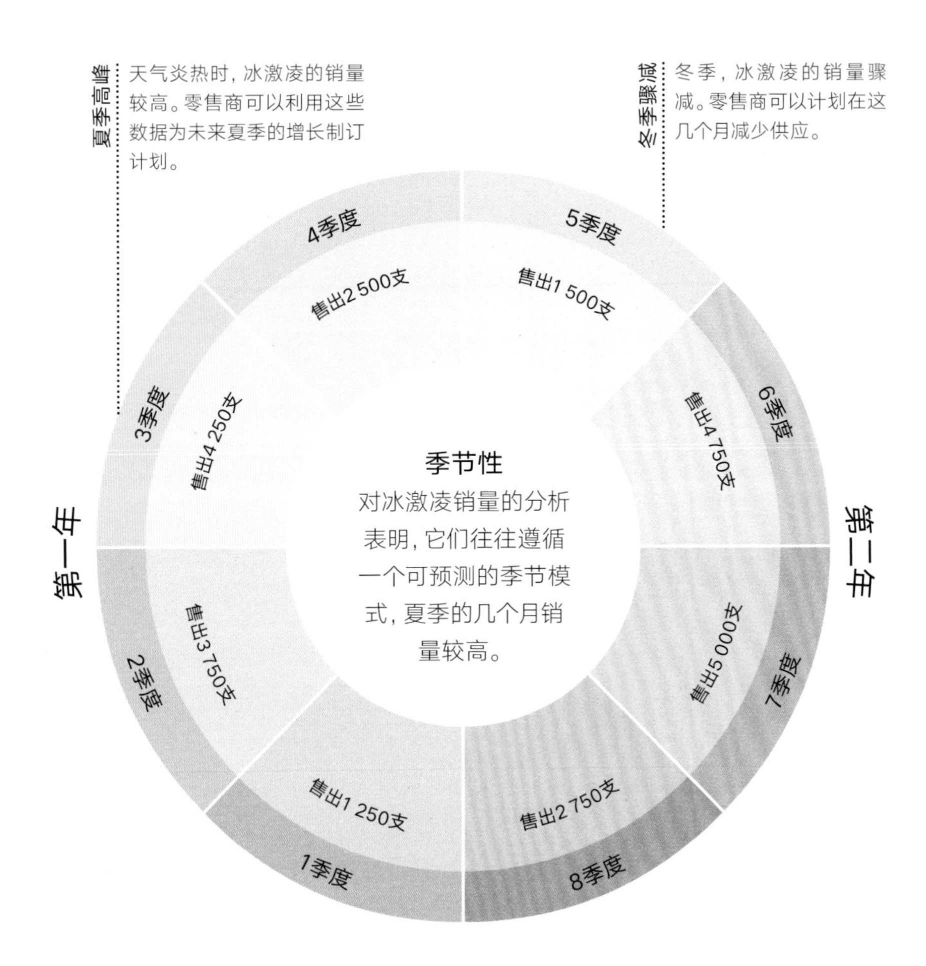

这是什么意思？

数据解释是在问题背景下说明数据分析意义的过程。在临床试验检验一个假设（“这种药物对抗这种疾病有效”）时，对数据的解释决定了这个假设的真实性。通过对监测数据（如用电量或年销售额）进行分析，可以预测需求并为战略提供信息。

寻找联系

散点图允许我们展示从两个不同的量中得出的数据，看看它们是否有联系或相关。如果将数据联系起来，那么它们可能正相关（它们一起增加）或负相关（一个增加，而另一个减少），也可以画出一条最佳拟合线，用于预测，尽管这只在一定的数据范围内是可靠的；如果不相关，那么变量之间就是相互独立的。

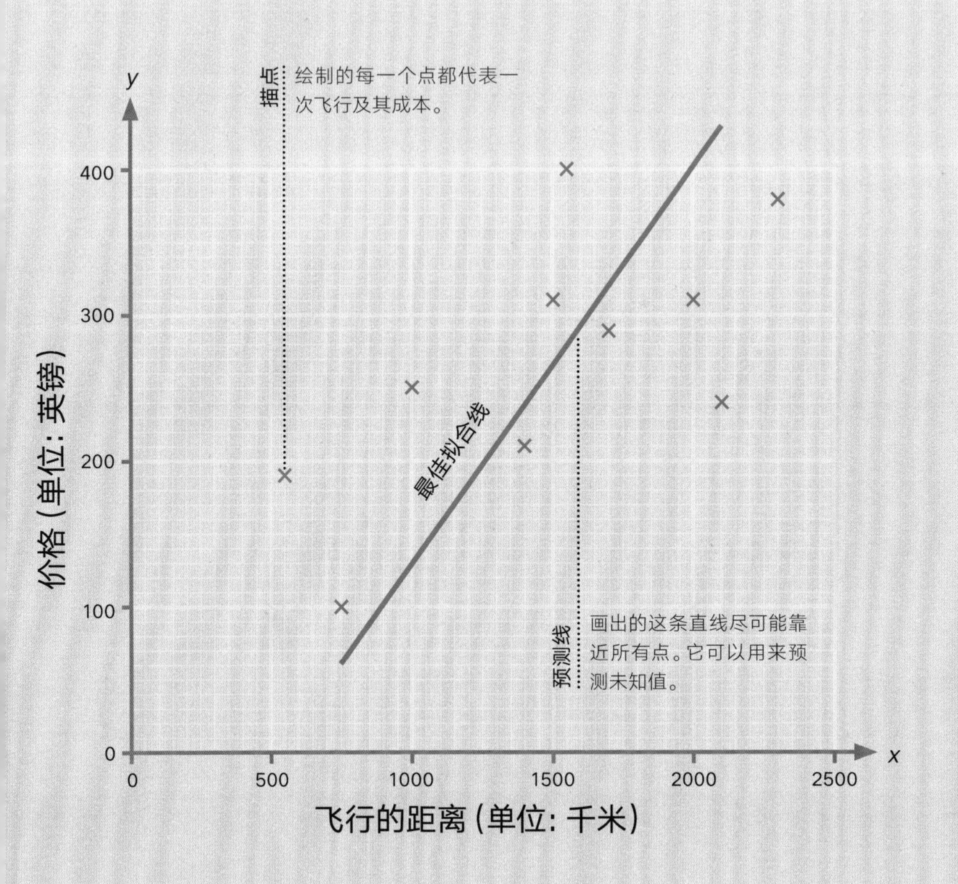

衡量可能性

发生这种事的可能性有多大？这是一个依靠概率来回答的问题。任何事件发生的可能性都可以用概率等级来表示，范围从不可能发生（0）到必然发生（1）。概率游戏是发展概率概念的灵感来源。这些想法已经发展成我们在日常生活中遇到的例子：保险、天气预报、政治投票和临床试验。

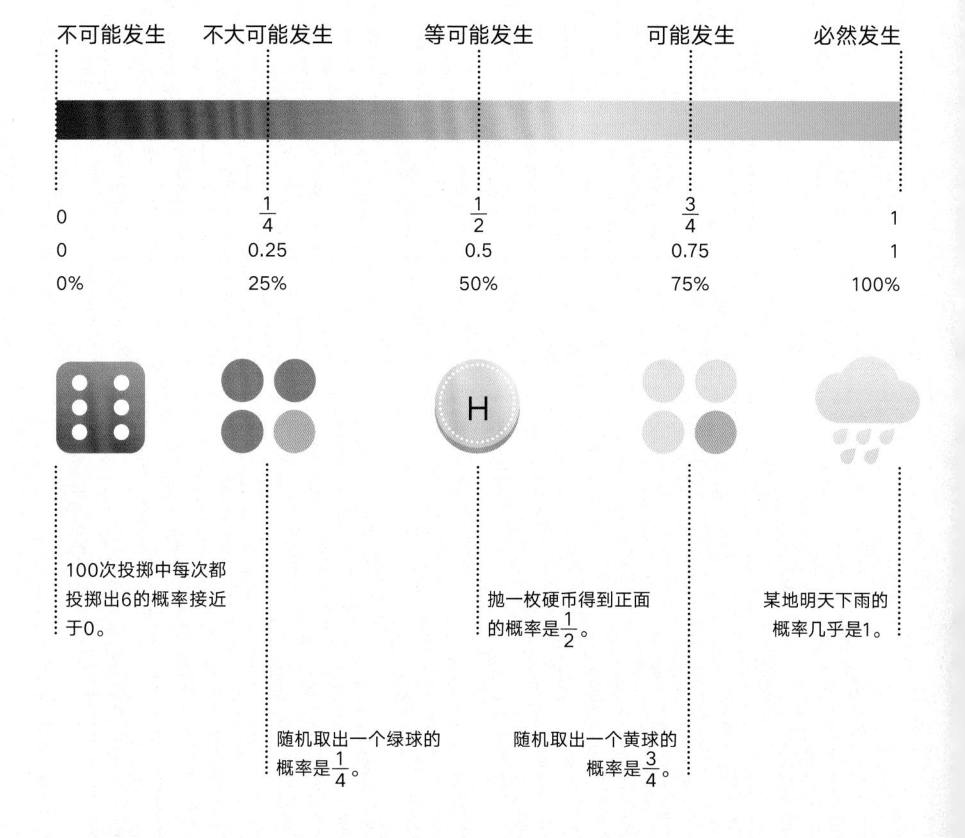

掷骰子
数学家最初用骰子来发展有关机会和确定概率的概念。

计算结果

人们重视确定性——他们想知道事件发生的可能性。通常，这些事件会以多种不同的方式发生。事件“工作迟到”可能由于两种原因：“醒来晚了”和“交通拥堵”。抛掷两枚骰子有36种可能的结果。这些结果可以用表格列出来。

计算可能性
知道导致事件发生的结果的数量，例如获得一个特定的骰子点数，我们就可以计算它的概率。

	⚀	⚁	⚂	⚃	⚄	⚅
⚀	2	3	4	5	6	7
⚁	3	4	5	6	7	8
⚂	4	5	6	7	8	9
⚃	5	6	7	8	9	10
⚄	6	7	8	9	10	11
⚅	7	8	9	10	11	12

出现的可能性很大
两枚骰子掷出7点的方式有6种。

两枚骰子掷出12点的方式只有1种。
出现的可能性较小

$$\text{事件的概率} = \frac{\text{事件包含的结果数}}{\text{所有可能的结果数}}$$

在完美的世界里

理论概率是我们对基于一系列可能出现的结果的理解而赋予事件发生的机会。例如，掷一枚骰子有6种可能的结果（1~6）。这些结果是相互独立的，即它们不可能同时发生。事件“掷到3的倍数”有两种结果：3和6。我们可以用本页最上面的公式求出这个事件的概率为$\frac{2}{6}$（或$\frac{1}{3}$）。

测试概率

理论上的概率预测可以通过重复试验（例如掷骰子）并记录结果来验证，试验的次数很重要。观察得越多，结果就越接近理论概率。在现实世界中，试验用于产生数据。收集的信息越多，预测就越准确。例如，对药物进行临床试验，以确认疗效。

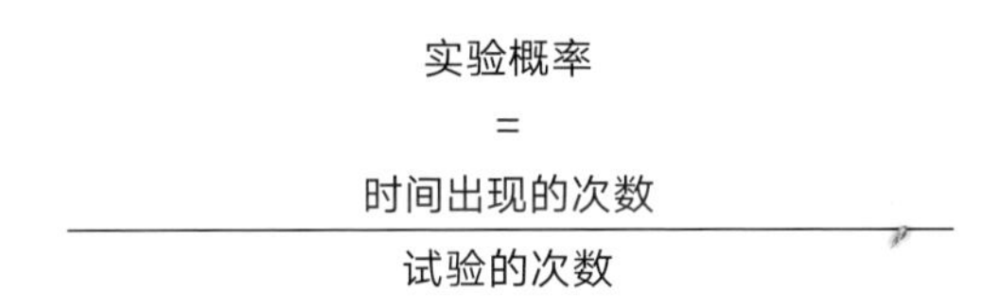

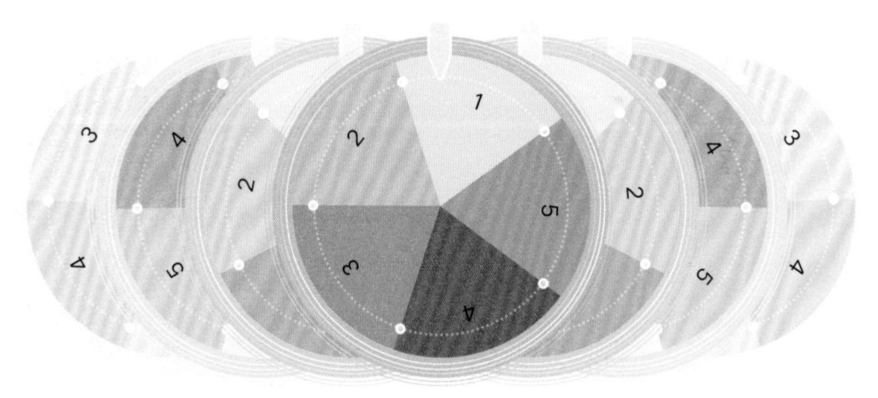

转盘概率

理论上，转盘转出1的可能性是$\frac{1}{5}$（20%）。转50次表明实际的概率可能是$\frac{6}{50}$（12%）。需要更多的转动试验来确认转盘是否真的稍微偏向于1。

转出的数	出现的次数
1	6
2	11
3	10
4	14
5	9
试验次数	50

概率树

感染率

这棵树描绘了疾病测试的有效性。它显示测试的正确率为95%。

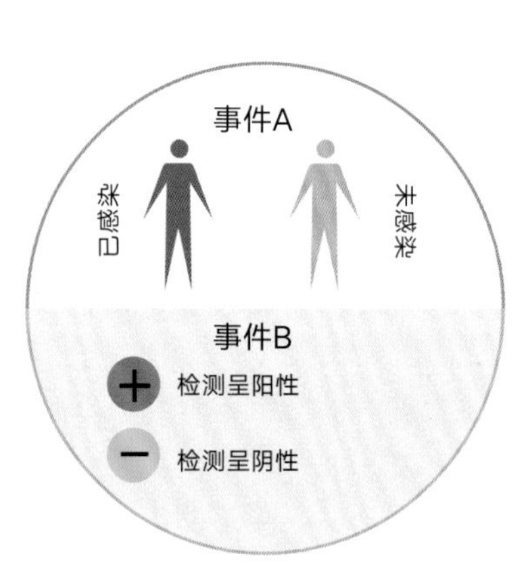

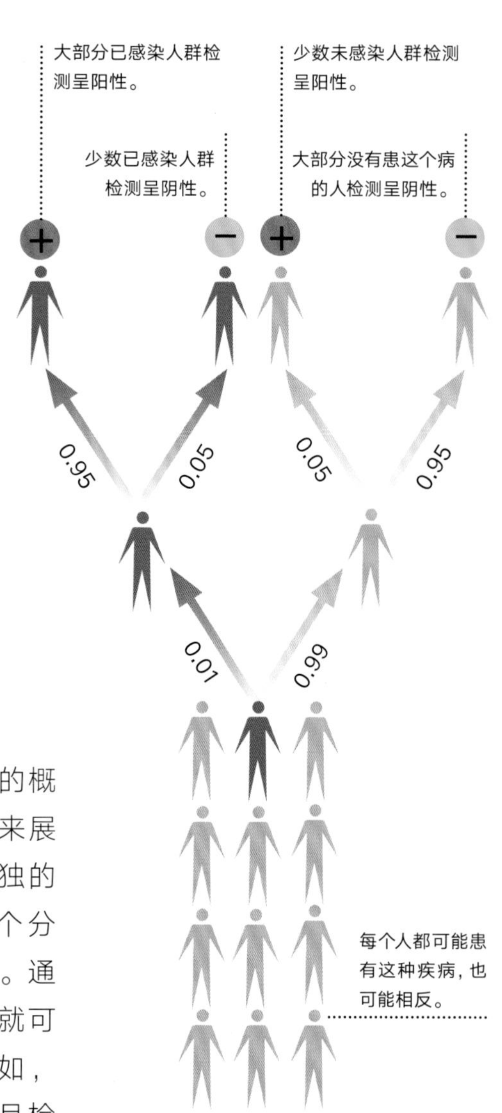

计算两个独立事件发生的概率是可能的。树状图可以用来展示所有可能的结果。每个单独的事件都可以表示为树的一个分支，并标示一个数表示概率。通过将这些分支上的概率相乘就可以得到组合事件的概率。例如，在所示的例子中，没有患病且检测呈阳性（假阳性）的概率是 $0.99 \times 0.05=0.0495$，这几乎是不可能的概率。

并集

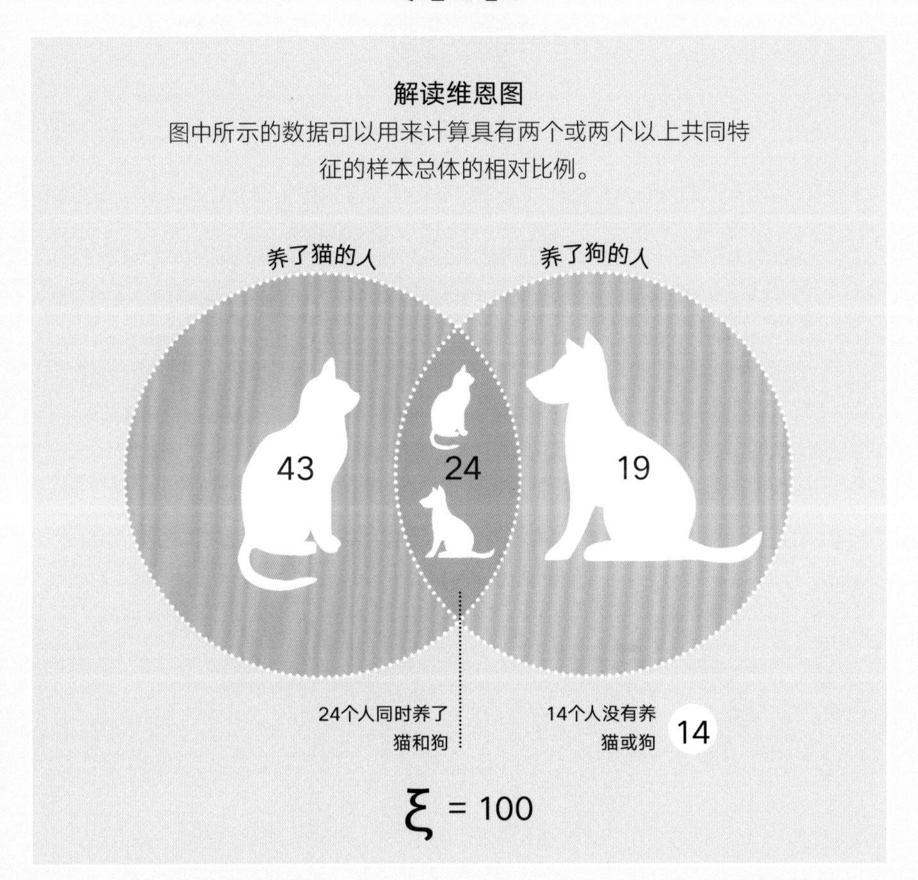

维恩图是一种常见的、形象化的表示数据集或概率，以及它们如何重叠的图形。维恩图在一个矩形内有一个或多个重叠的圆。矩形表示全集（所有可能的结果），圆表示事件或数据的子集。每个区域的信息可以显示合并的事件和结果、事件结果的数量或事件的概率。

有多少?

维恩图中的重叠部分表示两个事件
同时发生的可能性。

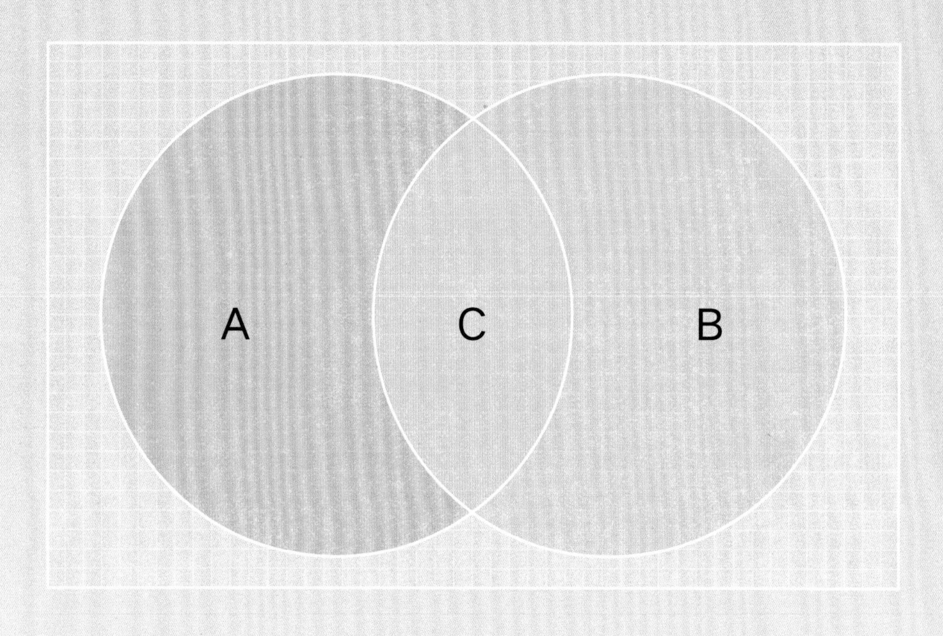

A=超过30岁的人　　B=戴眼镜的人　　C=超过30岁且戴眼镜的人

视情况而定

条件概率是一个事件在另一个事件已经发生的条件下发生的概率。例如，知道某人的年龄意味着预测他们有特定的医疗状况比假设他们是整个人口的代表更准确。贝叶斯定理就是描述这种情况的一个公式，它被用来确定重要的概率，有时会产生令人惊讶的结果。维恩图可以用来组织这些信息并说明条件概率问题。

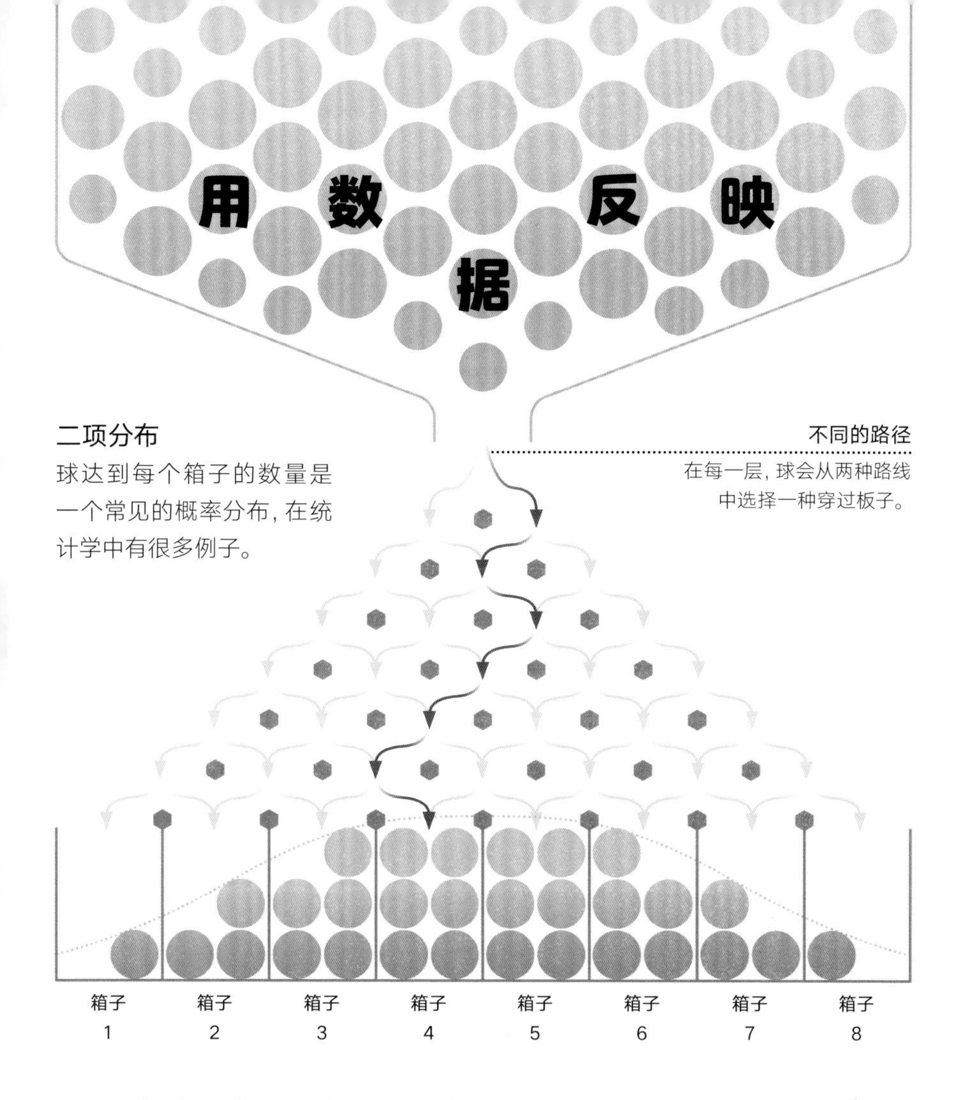

概率分布反映事件发生的可能性。例如，记录随机样本中每一个对象的身高可以得到一个身高的分布。这可以记录在正态分布图（或钟形曲线）上，数据组围绕一个中心平均值，向两边逐渐递减。在结果都是可能的情况下将得到均匀分布，例如掷一枚骰子。当事件只有两种结果并且重复多次时，就会得到二项分布。

非常不可能的事件

大数定律描述了当观察到更多事件时，实验概率如何接近理论概率（见第141页）。如果实验的重复次数是无限的，那么所有的可能性，即使是离谱的可能性，都是合理的。这个想法的一个著名例子是让一只猴子在无限长的时间内随机打字，最终将可能写出莎士比亚的戏剧。这表明，再离谱的事也不代表没有不可能。

普利茅斯大学的研究人员让猴子使用一台打字机长达一个月的时间。这些灵长类动物只填满了五页主要由字母S组成的文本。

无限时间

“无限”不仅仅是一个很长的时间，它假定宇宙将永远持续下去，重复事件的所有可能性都将发生。

微积分

微积分是由德国数学家戈特弗里德·莱布尼茨和英国科学家艾萨克·牛顿独立发展起来的一个数学分支。它回答了两个基本问题：如何求变化率及如何求曲线下的面积。微分是关于变化率的，积分是关于函数求和或曲线下的面积的。积分和微分互为逆运算，换句话说，它们可以把另一个还原。

衡量变化

事物随时间的变化率可以提供有价值的信息，比如物体移动的快慢、传染病传播的速度或者经济是否停滞不前。变量的图像很可能是一条曲线，通过在曲线上画一条切线（刚好在这一点与曲线接触的直线）并确定切线的斜率，可以判断任意时刻的变化率。

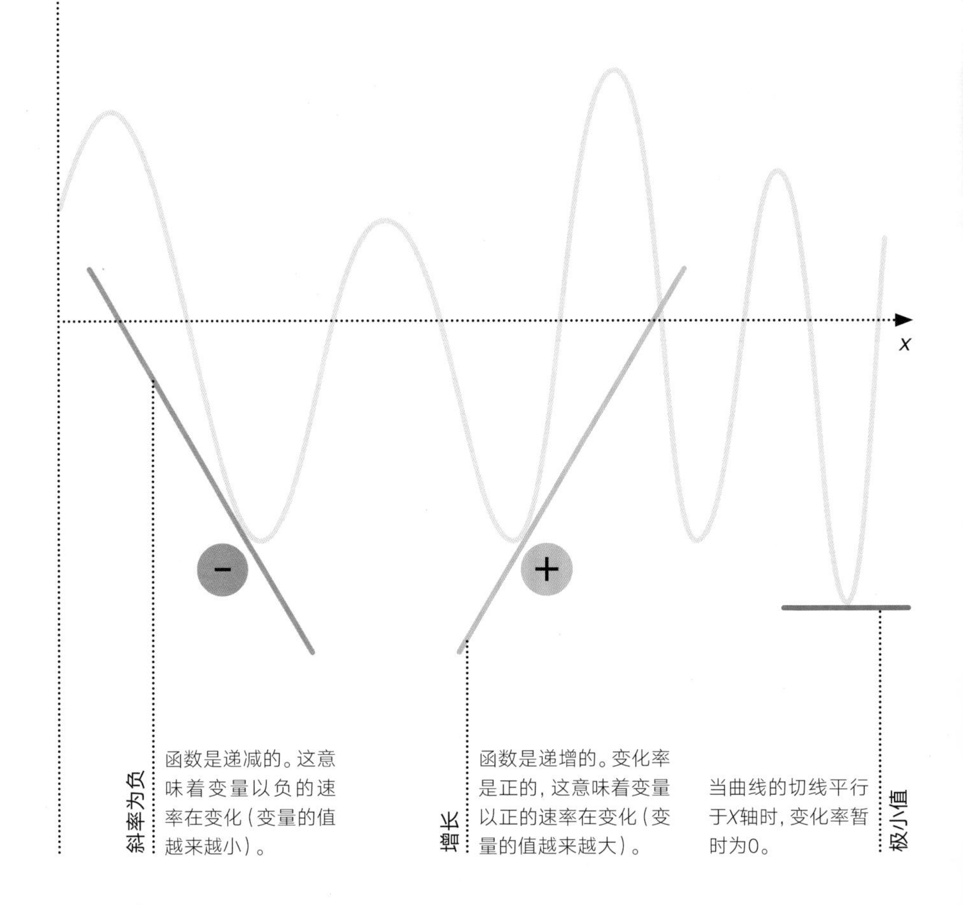

火箭科学

计算变化率对航空航天领域的发展非常重要。例如，当火箭加速远离地球时，它会燃烧燃料，从而减少它的质量，提高它的加速度。

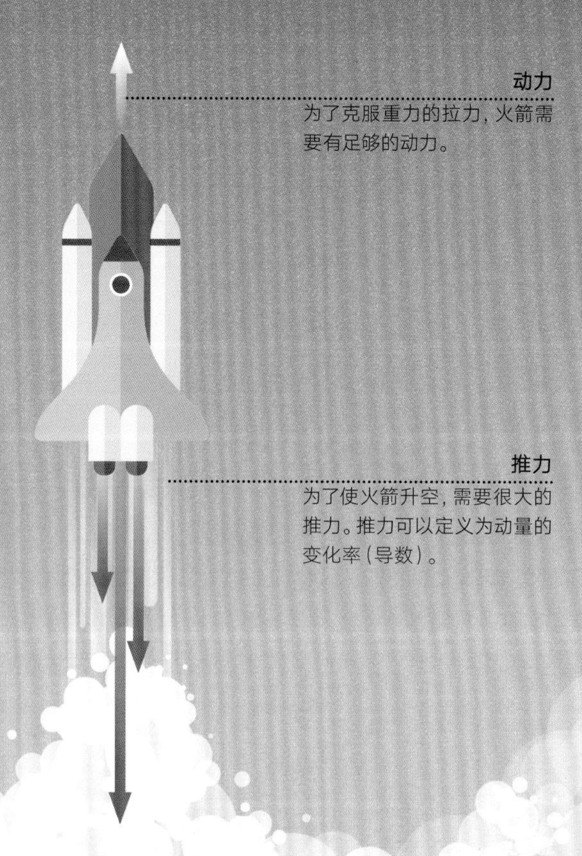

变化值

导数用来度量一个量的变化率。变化现象（如感染率、人口增长或金融量）的图像可以用与两个量相关的函数（见第80~81页）来模拟，其中一个量通常是时间。导数定义了一个量如何随另一个量（如时间）的变化而变化。任意一点的变化率可以通过确定切线的斜率（见上一页）来判断。我们可以用代数的方法求得函数的导数。

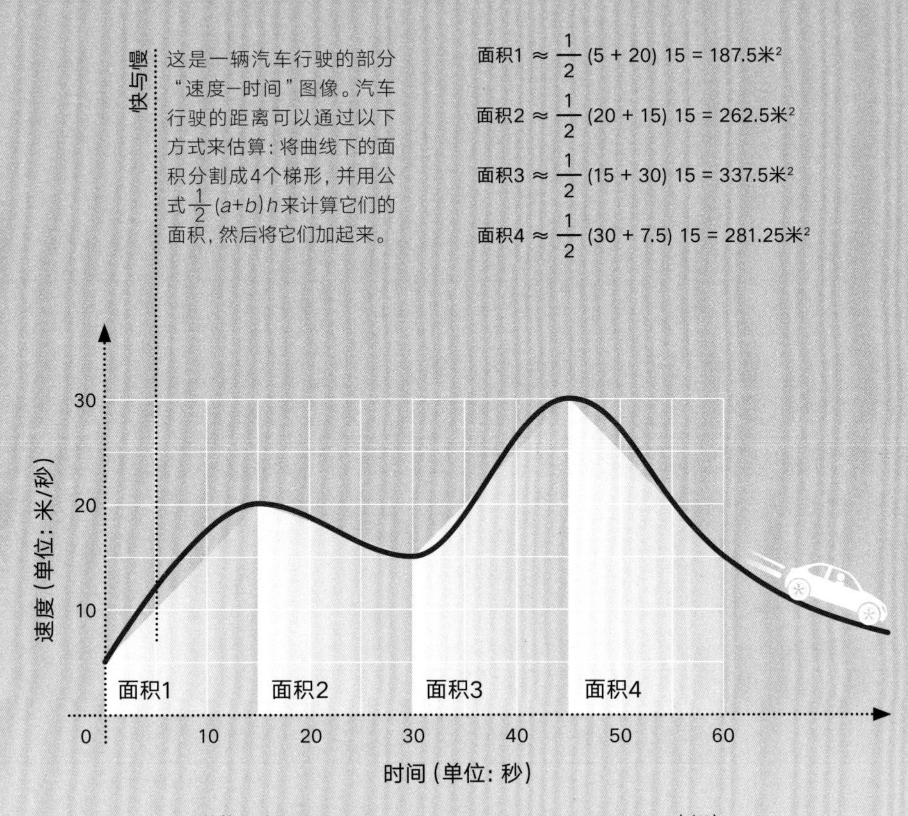

求量的总和

求曲线下的面积是数学中常见的问题。例如，根据“速度—时间”图像求行驶的距离，只要求曲线下的面积即可。最简单的情形是求直线下的面积。但是，这一思想可以推广为估算任意曲线下的面积，通过将面积分割成一系列等宽的条形，然后把每个条形近似看成梯形（见第46页）来估算它的面积。条形的数量越多，估算的面积就越精确。

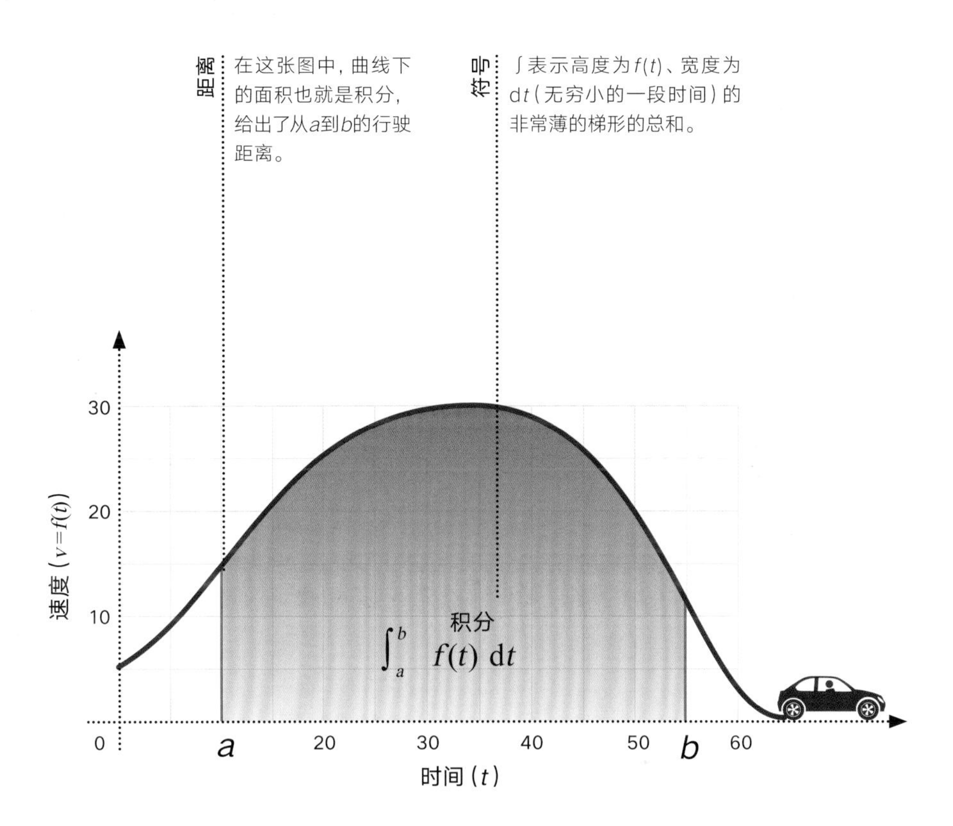

曲线下的面积

积分是求和方法（见上一页）的代数推广。想象一下，这些条形变得很薄，以至于它们融合在一起。使用代数，可以通过对曲线的函数“积分”，用数学方法计算出曲线下的精确面积。积分和微分（求导数）是两个互逆的过程（见第154页），两者之间的关系被称为微积分领域的基础。

微分

曲线方程在某一点处的微分就是在该点处的切线的斜率（变化率）。

积分

微分得到一条直线（切线），而逆过程（积分）将回到曲线。

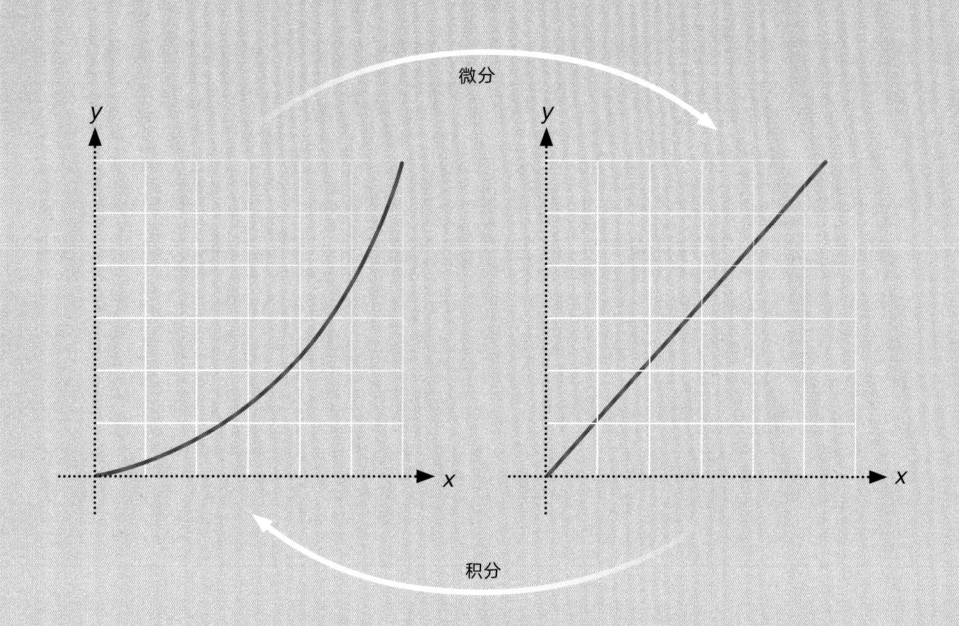

逆过程

微分和积分是微积分的两个过程。微分决定变化率，积分决定可能的原函数（如果知道变化率的话）。这意味着微分和积分是两个互逆的过程，它们可以由另一个还原。积分通常会得到一组可能的函数，当只有已知函数上的一个点时，才会得到原函数。这是因为函数的变化率与它相对于*X*轴的位置无关。微分总是得到唯一的导数函数。

生活中的微积分

微积分可以用来模拟涉及变化量的情况。现代工程实践经常在计算机模型中模拟它们，而不是建立模型并对它们进行测试。这可以更好地控制测试条件，比物理模型更有效（和更安全）。微积分还允许我们解决常见的优化问题，例如计算出在任何给定的体积下制作一罐饮料所需的最少材料，或者根据其他标准优化饮料罐的形状，比如架子上能装多少罐。

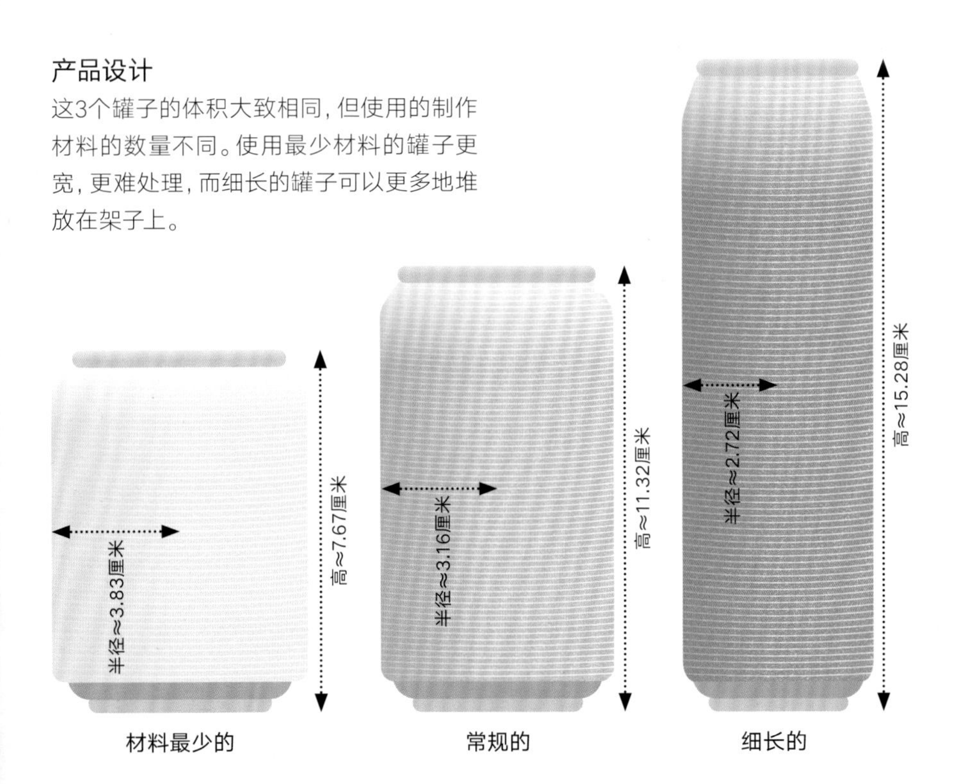

产品设计

这3个罐子的体积大致相同，但使用的制作材料的数量不同。使用最少材料的罐子更宽，更难处理，而细长的罐子可以更多地堆放在架子上。

索引

0指数幂 17
π 105
Φ 96

A
阿拉伯数字 9, 76
埃拉托色尼 15
埃拉托色尼筛法 15
爱因斯坦 60
按位法 28, 29

B
八边形 42
八面体 50, 51
百分数 13, 90, 109
柏拉图 45, 51
柏拉图立体 51
半径 105, 107, 108
保险 129, 138
贝叶斯定理 144
倍数 14
本初子午线 54
比 76, 86, 87, 88~89, 90, 91
比例 13, 87, 90~91
比例尺 112~113
比例和百分比 90~91
比例系数 94
毕达哥拉斯定理 110~111
变化率 2, 149, 150, 151, 154
变换 56~57
变量 65, 66, 67, 70, 71, 73, 74, 79, 85, 98, 126, 133, 137, 150
标准形式 20~21
表达式 66
表面积 108
表示数据 130, 132~133
饼图 133
补偿法 28, 29
不等边三角形 44
不等式 74

C
测量 7, 100~127
产品设计 113, 155
超曲面 61
乘法 27, 30
乘法表 30
尺规作图 122~123
赤道 54
抽样 131
除法 27, 31

D
大于 74
大于或等于 74
代入法 73
代数 54, 64~77, 80~81, 96, 110
戴维 20
单位换算比 89
单位元 25
导航 119
地理坐标 54
地球的自转和公转 103
地图 50, 54, 112~113
等比数列 75
等边三角形 44
等差数列 75, 76
等腰三角形 44
等腰梯形 46
笛卡儿 54
笛卡儿网格 55
笛卡儿几何 54~55
笛卡儿坐标 79
电磁学 39
调查 131
调查问卷 131
顶点 40, 44, 46, 51, 83
定量 130
定性数据 130, 132
度 40
度量单位 101, 102
对称 53
对称阶次 53
对称面 53

对称轴 53, 83, 105
钝角 40
钝角三角形 45
多边形 42~43
多边形中的角 48~49
多面体 50~51

E
二次方程 72, 83, 84, 96
二次图 83
二进制记数法 24
二十边形 43
二十面体 51
二维图形 42~43, 53
二项分布 145

F
反比例 94~95
反射 56, 127
反射对称 53
反向百分比计算 92
方程组 73
方根 16
方位角 40
方向 124~125
放大 56~57, 127
斐波那契 76, 77
斐波那契数列 76~77, 96
分 103
分贝 102
分母 11, 36~37, 67
分式 67
分数 11, 23, 36~37
分数（乘法） 36~37
分数的计算 36~37
分数的减法 36
分数线 11
分析数据 130, 134~135
分形 62~63
分形几何 7, 62~63
分子 11, 36~37, 67
风险分析 129
封闭性 25
俯视 52
负相关 137
负整数 10
负指数幂 17
复合测量 121
复利 87, 93
复数 22, 23

G
概率 129, 138~147
概率等级 138
概率分布 145
高度 102
工程 22, 65, 155
工业 130
弓形 105
公分母 36
公开密钥 19
公式 70
公制体系 102
估算 34~35
估算面积 152
光速 60
光锥 60~61
轨迹 122, 123

H
函数 72, 80~81
函数的导数 151
函数的积分 153
航空 119
衡量可能性 138
弧度 40
化简表达式 67
化学 25
黄金比例 7, 76, 96~97
火箭科学 151

J
鸡冠花图 132
积分 149, 153, 154
集合 143
几何 38~63
计算 26~37
计算机绘图 56
计算机科学 126
计算机模型 155
计算可能性 139
季节性 136
加法 25, 27, 28~29, 36, 66
加密术 19
检验 65, 136
减法 27, 28~29
建筑 87, 96~97, 119
箭头 47
角 40
结果 139, 140, 141, 142, 143
结合性 25
截线 41
解释数据 130, 136

金融应用 13, 65, 151
进制 24
进制计算 24
经度 54
精确程度 109
九边形 43
九九表 30
矩阵 126~127
矩阵相乘 126~127
矩阵相减 126
距离/路程 102, 119, 121, 137, 152
距离—时间图像 85

K
卡尔·本杰明·博耶 116
卡尔达诺 22
开普勒 43
科赫雪花 62~63
科学 20, 22, 65, 130
括号 69

L
莱布尼茨 149
理论概率 140~141
力 121
立方单位 106
立方根 16
立体图形的类型 50~51
利息 93
量子物理 129
菱形 46
零 10
六边形 42, 49
螺旋 76, 77

M
美学 87, 96~97
密度 121
密码学 15, 126
幂 16~17, 68
面积 104, 121
面积和周长 104
秒 103
闵可夫斯基空间 60~61
莫比乌斯 59
莫比乌斯带 58~59

N
内错角 41
内角 48
逆元 25
逆运算 31
年 103
牛顿 149

O
欧几里得 39, 96
欧拉 58
欧拉数 23

P
抛物线 83
偏差 131
频数 132, 133
平方根 16, 22
平衡（方程） 71, 73
平均值 134, 135, 145
平行四边形 47, 104
平行线 41
平移 56~57
普罗克洛斯 7

Q
七边形 42
其他数列 76~77
气候变化 39
千兆字节 17
切线 105, 150, 151, 154
求和方法 152
球 50, 107
曲线下的面积 152~153
趋势 132, 134, 135
全等 114~115
全等和相似 114~115
全球定位系统（GPS） 118, 119
群论 25

R
人口 131, 143
容积 106
锐角 40,45
锐角三角形 45

S
三角函数 116~117
三角形 42
三角形的类型 44~45
三视图 52
三维图像 79
三维图形 50~51, 52
散点图 133, 137
上界, 下界 102, 109
社会问题 130
生物学家 22

十边形 43
十二边形 43
十二面体 51
十五边形 43
十一边形 43
时 103
时间 60, 101, 102, 103, 121
时空 60~61
实数 22, 23
实数解 84
实验概率 141, 146
事件的概率 140~147
视图 52
收集数据 129,130,131
输入/输出 80~81
树状图 142
数的分类 23
数据 129~130
数据表格 132
数据处理周期 130
数列 75
数轴 10, 74
数字 7, 8~25
水平切变 127
私有密钥 19
四边形 42
四边形的类型 46~47
四边形中的角 48
四面体 50, 51
四舍五入 34~35
四维几何 60~61
速度 70, 85, 102, 121
随时间的变化率 150
缩尺图 112~113, 122
缩尺图和地图 112~113

T
拓扑学 58~59
太阳的运动 103
梯形 46, 152, 153
体积 70, 106~107, 121
天 103
天文学 20, 119
条件概率 144
条形图 133
同旁内角 41
同位角 41
统计学 129, 130~137
骰子 139, 140, 141
凸多边形 48
图解方程 84
图像 78~85

W
外角 48, 49
微分 149, 153, 154
微积分 7, 148~155
微积分的应用 155
微积分基本定理 154
微生物 39
维恩图 143, 144
维尔纳·海森堡 45
纬度 54
卫星 118~119
位值 12, 24, 32~33
温度 70, 85, 102
无理数 23
无限 147
无限猴子定理 146~147
五边形 42, 48
物理 101, 126, 129

X
系数 66, 83
狭义相对论 60
弦 105
现实生活中的图像 85
线段 123
线性方程 71, 82, 84
线性图 82
相关 133, 134, 137
相似 114~115
响度 102
向量 124~125
项 66
项到项的规则 75
象形图 133
橡皮几何学 58
消元 73
小数 12
小数乘法 32~33
小数除法 32~33
小数的计算 32~33
小数点 12, 32
小于 74
小于或等于 74
斜边 110, 117
斜率 82, 150
斜三角形 120
虚数 22, 23
旋转 25, 56~57
旋转对称 53

Y

压力 121

医疗 130

艺术 87, 97

因式分解 69

应用三角函数 118~119

英制体系 102

优化问题 155

优角 40

有理数 23

有效数字 109

余数 31

余弦 117

宇宙学 39

圆 42, 105, 107, 108, 122, 123

圆规 122~123

圆环 59

圆周长 105

圆柱 50, 107, 108

圆锥 50, 107

约等于 35

约数 14, 15, 18

约数树 18

Z

增减百分比 92

展开 69

展开和因式分解 69

展开图 50~51, 52, 108

长度 96, 101, 102, 110

长方体 106

长方形 47, 108

折线图 132

筝形 47

整数 10, 11, 14, 23, 25

正比例 94~95

正比例和反比例 94~95

正多边形 43

正方体 50, 51

正方形 47

正切 116, 117

正弦117

正弦定理和余弦定理 120

正相关 137

正整数 10

正指数幂 17

直角 40

直角三角形45,110~111, 116~117, 125

直径 105

指数 16, 87, 98~99

指数法则 68

指数方程 98

指数相乘 68

指数增长 87, 98

质量 101, 102

质数 15, 18

质因数 18~19

中点 34

钟形曲线 145

周 103

周长 104, 105

子集 23, 131, 143

自然界 62, 77

自然数 10, 23

自相似 62

组合事件的概率 142

最大公约数 18, 89

最佳拟合线 137

最小公倍数 18, 36

坐标几何 54~55

坐标轴 54~55